# DIE STAPELFASER SNIAFIL

## IHRE VERARBEITUNG
NACH DEM BAUMWOLLVERFAHREN
VOM ROHSTOFF BIS ZUM VEREDELTEN GEWEBE
UNTER BESONDERER BERÜCKSICHTIGUNG
DER FASEREIGENSCHAFTEN

VON

## DR.-ING. JULIUS LINDENMEYER

24 ABBILDUNGEN
UND 20 ZAHLENTAFELN

MÜNCHEN UND BERLIN 1931
VERLAG VON R. OLDENBOURG

Druck von R. Oldenbourg, München und Berlin

MEINEM LIEBEN VATER

GEH. KOMMERZIENRAT OTTO LINDENMEYER

IN DANKBARKEIT UND VEREHRUNG

GEWIDMET

# Inhaltsverzeichnis.

# Einleitung.

Der Gedanke, künstliche Fasern als Erstlingsprodukt herzustellen, entstand als unvermeidliche Folge der Kunstseidenerzeugung. Gefördert und angeregt wurde er wohl einerseits durch die bereits stattfindende Abfallverwertung, bei der schon teilweise künstliche Fasern als sekundäres Produkt und deshalb mit Fehlern behaftet anheimfielen, anderseits aber hauptsächlich durch die während des Krieges entstandene Faserstoffnot in den von der Einfuhr überseeischer Rohstoffe abgeschnittenen Ländern Mitteleuropas.

Während schon die ersten Patente auf dem Gebiet der Kunstseidenerzeugung im Jahre 1855 an den Franzosen Audemars (engl. Patent Nr. 283), im Jahre 1883 an Edgar Swan (engl. Patent Nr. 5978) und im Jahre 1884 bis 1893 in verschiedenen Ländern an Graf Hilaire de Chardonnet, der eine wirkliche technische Entwicklung der Nitrozellulose-Kunstseide herbeiführte, vergeben wurden (12), stammt der erste Vorschlag, Viscose mit Meerwasser zu Fasermassen zu fällen, aus dem Jahre 1908 von Beltzer (»Moniteur scientifique du Docteur Quesneville«). Wie aus weiteren Angaben hervorgeht, handelt es sich hierbei um Zellulosexanthogenat. Ferner erhielt August Pellerin in Neuilly das österreichische Patent Nr. 55 749 vom Jahre 1910, in dem es sich um die Herstellung eines neuen industriellen Rohstoffes handelt, welcher aus einer faserartigen Masse von künstlicher Seide besteht und in der Textilindustrie benutzt werden kann, um wie Baumwolle oder Wolle versponnen zu werden. Im D. R. P. Nr. 271 215 hat er sich eine Düse für die Gewinnung solcher Fasermassen schützen lassen. Auch beschreibt Pellerin in den franz. Patenten Nr. 410 776 und 466 292 sein Verfahren näher. Der Grundgedanke der sog. Stapelfasererzeugung ist in diesen und in dem Patent Girards (D. R. P. Nr. 266 140 v. 21. 2. 1912), nach welcher sich eine Masse aus künstlichen Fasern von begrenzter Länge herstellen läßt, erstmalig zum Ausdruck gebracht (13 u. 11). Diesen Tatsachen ist zu entnehmen, daß die Stapelfaser nicht ein Kriegskind ist, wie oft fälschlich geglaubt wird, trotzdem aber eigentlich erst durch den Krieg gefördert worden ist. Denn wenn auch die technischen Voraussetzungen für die Aufnahme der Stapelfaser bereits vor dem Kriege vorhanden waren, so wurde die wirtschaftliche Grundlage dafür erst im Laufe des

Krieges durch Mangel an preiswerten Naturfasern, und damit vergrößerter Wettbewerbsmöglichkeit der Stapelfaser, geschaffen (10). Allerdings mußte nach Kriegsschluß der größte Teil der auf dem Markt befindlichen Stapelfasern, die in ihren Eigenschaften und auch im Preise nun nicht mehr mit den Naturfasern wetteifern konnten, verschwinden und erst in den letzten Jahren tauchten neue, stark verbesserte und verfeinerte Erzeugnisse auf. Die wichtigsten Stapelfasern seien hier kurz aufgezählt:

Die zum Glanzstoffkonzern gehörige Stapelfaserfabrik Jordan (Sydowsaue) stellte während des Krieges Stapelfaser in großem Umfange her, hat aber auch nach ihrer Umstellung auf Kunstseide Versuche zur Verbesserung der Kurzfaser weiter betrieben. Unter dem Namen »Shappin« und »Stellofin« brachte sie ein feinfaseriges und wollähnlicheres Produkt als zuvor. Mit am bekanntesten dürfte wohl die von der I. G. Farbenindustrie auf den Markt gebrachte »Vistra«-Faser von mattem, seidenähnlichem Glanz und wollähnlichem Charakter sein. Sie wird zurzeit im Werk Premnitz hergestellt. Von ersterer erschien auch eine Kurzfaser unter dem Namen »Travis« (10). Ferner sind zu erwähnen: »Sanofil«, »Lanofil« (13), »Wollseide«, eine nach dem Kupferoxydverfahren hergestellte Kurzfaser der J. P. Bemberg A.-G. von guter Feinheit und Geschmeidigkeit, die von der American Manufacturing Co. in Brooklyn neue wollähnliche Kunstfaser »Amite«, die von den Engländern gebrachte »Woolulose« und »Celanese« und die Stapelfaser »Sniafil«, welche von der Snia Viscosa in Turin hergestellt wird.

Diese Fasermassen zeigen größtenteils wollähnliches Gepräge und werden hauptsächlich rein oder mit Wolle gemischt verarbeitet. Neuerdings zeigten sich jedoch verstärkte Bestrebungen, die Stapelfaser auch nach dem Baumwollverfahren zu verarbeiten, einerseits um stilliegende Maschinen wieder beschäftigen zu können, andererseits weil dieses Verfahren infolge der geringeren Zahl der Maschinendurchgänge eine billigere Herstellung erlaubt. Allerdings ist auch nicht zu vergessen, daß bis vor kurzer Zeit die Voraussetzungen für eine Verarbeitung nach dem Baumwollverfahren infolge des zu hohen Einzeltiters[1]) fehlten. Es hat sich jedoch gezeigt, daß bei diesem neuen Verfahren der Verspinnung und Weiterverarbeitung Schwierigkeiten im Wege stehen, denen nur durch eingehende Versuche begegnet werden kann. Erwähnt seien hier die schon während der Kriegs- und Nachkriegsjahre, wenn auch in kleinem Rahmen durchgeführten Versuche des Deutschen Forschungs-Instituts für Textilindustrie in Reutlingen-Stuttgart unter Leitung von Prof. Dr.-Ing. Otto Johannsen (8 u. 23). — Aufgabe der vorliegenden Abhandlung ist, die Verarbeitung der Stapelfaser »Sniafil« nach dem Baum-

---

[1]) Titer = Trockengewicht von $20 \cdot 450$ m Faden (Faser) in g + Feuchtigkeitszuschlag (11% für Viskose-Kunstseide bzw. -Stapelfaser).

wollverfahren, nach eingehenden Versuchen im Großbetriebe, zu beschreiben und Möglichkeiten anzugeben, sie technisch zu verbessern und damit wirtschaftlich zu gestalten.

Die Versuche wurden objektiv, von keiner Literatur oder anderen Versuchsergebnissen beeinflußt, vom Verfasser selbst durchgeführt, unter Festhaltung an der Regel, mit möglichst kleiner Abweichung vom Baumwollverfahren selbst und geringsten Maschinenänderungen ein Optimum zu erzielen und alles andere der Auswertung zu überlassen. Um diese sachlich durchführen zu können, wurde nachträglich die Fasermasse eingehend auf ihre Eigenschaften untersucht. Denn nur durch engste Zusammenarbeit der Faserforschung und Verarbeitungsforschung kann man zu positiven und einwandfreien Ergebnissen gelangen (7). Daß die vorliegende Arbeit nicht Anspruch auf erschöpfende Behandlung aller Fragen machen darf, sondern nur Grundlegendes behandeln kann, ist selbstverständlich, insbesondere weil nur eine beschränkte Menge Rohstoff von einigen 100 kg zur Verfügung stand und die Versuche sich über ein großes Gebiet ausdehnten.

Die sich über Spinnerei und Weberei erstreckenden Versuche wurden in den Werken der Mech. Baumwoll-Spinnerei und Weberei Augsburg, diejenigen über Veredelung in der Firma Martini & Co., Augsburg, vorgenommen, welche darin besondere Erfolge zu verzeichnen hatte. Die Untersuchungen des Faserrohstoffes, die Garnreißproben, Trockengehaltsprüfungen usw. wurden ebenfalls im Versuchsraum der Mech. Baumwoll-Spinnerei und Weberei Augsburg durchgeführt. Die Stapelbilder mußten in Ermanglung eines Stapelziehers in Reutlingen hergestellt werden. Bis auf die Zählung der Fadenrisse, die den Untermeistern überlassen wurde, und die Garnreißproben, welche nur von einer eingeübten Person ausgeführt werden können, wurden alle Versuche vom Verfasser selbst ausgeführt und aufgenommen, sofern dies nicht durch die Gleichzeitigkeit zweier Versuche unmöglich war[1]).

Der besondere Dank des Verfassers gebührt vor allem Herrn Prof. H. Brüggemann, von dem die Anregung zu dieser Arbeit stammt und der seine reichen Erfahrungen und seinen wissenschaftlichen Rat stets gerne zur Verfügung stellte; Herrn Dr. Doehner, der in liebenswürdiger Weise den Verfasser in die Kunst der Mikroskopie einweihte und zusammen mit diesem die mikrophotographischen Aufnahmen herstellte; ferner allen denen, die sich durch ihre persönliche Mitwirkung einerseits und verständnisvolle Unterstützung anderseits Verdienste am Zustandekommen der vorliegenden Abhandlung erworben haben.

---

[1]) Die Zeichnungen wurden vom Verfasser selbst zusammengestellt und nach seinen Angaben ausgeführt.

# I. Festlegung des Begriffes „Stapelfaser".

Das Wort »Stapelfaser« stammt von dem bekannten Zellulosefachmann und ehemaligen chemisch-technischen Leiter der Vereinigten Glanzstoffabriken, Prof. Bronnert, welcher sich um die Herstellung dieses neuen Faserstoffes besondere Verdienste erworben hat. So geläufig diese Bezeichnung während des Krieges und in der ersten Nachkriegszeit war, so wenig hört man heute davon und jeder Hersteller und Verarbeiter sucht sich davon frei zu machen, indem er sein Erzeugnis z. B. bezeichnet: »die neue Spinnfaser«. Der Grund hierfür liegt in den großen Enttäuschungen, welche die ersten Stapelfasern durch ihre Unvollkommenheit als neuer Spinnstoff mit sich brachten, und die um so größer waren, als damals der technologische Verarbeitungswert von vielen als etwas Untergeordnetes angesehen und nur die gleichmäßigen und äußerlich bestechenden Eigenschaften der Faser betrachtet wurden. Im Grunde aber verdienen alle künstlichen Spinnfasern besprochener Art die Bezeichnung »Stapelfaser«, wenn auch ihre Eigenschaften, besonders die Faserfeinheit, -geschmeidigkeit und -festigkeit, sich um ein Bedeutendes gegenüber der damaligen Zeit gebessert haben. Es ist deshalb als ein falsches Entgegenkommen gegenüber den Laienkreisen zu bezeichnen, wenn von dieser treffenden Bezeichnung abgegangen wird.

In der Literatur finden wir verschiedene Auffassungen des Begriffes »Stapelfaser«, so z. B.: »Stapelfaser nennt man im Viskoseverfahren hergestellte Fasern mit gröberem Einzeltiter, die mehr oder weniger ein wollartiges Äußere aufweisen« (2, S. 18). »Die sog. Stapelfaser (»Sniafil« u. a.) dient zur Herstellung gröberer Garne und ergibt wegen ihrer gröberen Einzelfaser im Garn mehr einen wollartigen Charakter« (2, S.87). »Stapelfaser stellt, praktisch genommen, eine matte Kunstseide dar, deren Fäden man in Stücke von der Länge des Baumwoll- oder Wollstapels (Kammgarn) zerschnitten, dann auf Krempelmaschinen und ähnlichen nach Art vorgenannter Naturfasern behandelt und zuletzt zu Garn versponnen hat« (2, S. 224). »Demnach läßt sich der Begriff »Stapelfaser« definieren als eine auf künstlichem Wege erzeugte woll- oder baumwollähnliche Faser von begrenzter Länge, die sich hierdurch von den bisher auf künstlichem Wege erzeugten hochglänzenden Fasern unbegrenzter Länge unterscheidet« (11).

Den ersten drei Begriffsfestlegungen möchte sich der Verfasser nicht ganz anschließen, denn erstens werden Stapelfasern nicht nur nach dem Viskoseverfahren hergestellt und zweitens sind die Eigenschaften, wie z. B. die eines groben (hohen) Einzeltiters, veränderliche. Betont sei hier auch noch, daß Stapelfaser, wenn auch ein Zelluloseprodukt, noch lange keine Kunstseide ist und mit dieser nur bis zu einem bestimmten Punkt ein gemeinsames Herstellungsverfahren besitzt. Abgesehen davon ist Kunstseide ein Fertiggut der Spinnerei, während »Stapelfaser« einen Rohstoff darstellt. Charakteristisch gegenüber der Kunstseide ist gerade bei der Stapelfaser der Stapel, welcher bekanntlich eine Bezeichnung für die Länge von Textilfasern, besonders von Wolle und Baumwolle, bildet. Also mag kurz folgende Begriffsfestlegung gelten:

„Stapelfaser" ist eine, von Zellulose ausgehend, auf künstlichem Weg erzeugte, woll- oder baumwollähnliche Faser von begrenzter Länge.

# II. Betrachtung der Einzelfaser.

## a) Herstellung.

Die Stapelfaser »Sniafil« wird von der »Società Nazionale Industria Applicazioni Viscosa An« (Snia Viscosa), Turin, und zwar im Werk Abbadia hergestellt. Die Firma produziert in ihren drei Fabriken hauptsächlich Viskosekunstseide; ihre Gesamterzeugung beläuft sich auf ungefähr 24000 kg je Tag. Wie kurz zuvor erwähnt, ist die Aufbereitung der Viskose bis zu den Spinnmaschinen bei Kunstseide und bei Kunstfaser im Prinzip die gleiche (2 u. 12): Ausgangsstoff ist der von den Zellstofffabriken (z. B. Kanada) in gebleichten Tafeln angelieferte Zelluloserohstoff. Dieser wird in besonderen Räumen auf natürliche oder künstliche Weise auf den für den Herstellungsprozeß erforderlichen Trockengehalt (3—5%) gebracht. Die Zellstoffblätter (1 Charge etwa 100 kg) werden hierauf in Tauchpressen mit 19proz. Natronlauge (1500 l), welche die technisch wertlosen, keine verspinnbare Viskose ergebenden Verunreinigungen herauslöst, bei einer Temperatur von 18÷20⁰ C getränkt. Nach etwa 2 Stunden erfolgt das Abpressen auf das etwa Dreieinhalbfache des angewandten Zellstoff-Trockengewichtes (ca. 350 kg). Die so hergestellte Alkalizellulose muß in eine der Einwirkung des Schwefelkohlenstoffes zugänglichere Form gebracht werden, was in mechanischen, mit einem Kühlmantel versehenen Zerfaserern (Temp. 18÷20⁰) geschieht. Dieser Vorgang dauert 2÷3 Stunden. Es folgt nun in den meisten Fabriken die Reife (2÷3 Tage) der zerfaserten Alkalizellulose in genauestens temperierten Räumen zur Erzielung einer größeren Homogenität und gleichmäßigen, nicht zu hohen Viskosität der nachträglich hergestellten Spinnlösung. Durch Zusetzen eines Oxydationsmittels in die Tauchlauge kann die Reife beschleunigt werden. Für manche Zwecke (besonders für Stapelfaserherstellung) verwendet man die Alkalizellulose im »ungereiften« oder »teilweise gereiften« Zustand und stellt zur Vermeidung einer zu hohen Viskosität eine zelluloseärmere Viskose daraus her. Gereift oder nicht wird die zerfaserte Alkalizellulose (350 kg) der Einwirkung des Schwefelkohlenstoffes in explosionssicheren Baratten oder Sulfidiertrommeln ausgesetzt, die wegen der entstehenden Reaktionswärme mit Kühlmantel versehen sind (Temp. 20÷25⁰ C). Es bildet sich dabei eine in Wasser lösliche Zelluloseverbindung, die sog. Zellulose-

Xanthogensäure, wobei die Farbe von Hellgelb in Orange übergeht, was gleichzeitig ein Kennzeichen für die Beendigung der Reaktion ist (Dauer ungefähr 3 Stunden). Die nach dem Sulfidieren gebildete orangefarbige, krümelige Masse fällt in einen ebenfalls mit Kühlmantel versehenen Mischer (Temp. $15 \div 17^0$ C), wo sie mit Natronlauge in das Zellulose-Xanthogenat übergeführt wird, das eine sirupgelbe, honigähnliche, dickflüssige Masse, von Cross und Bevan »Viskose« genannt, darstellt, von der ungefähren Zusammensetzung:

$$
\begin{aligned}
&\text{Zellulose} \quad . \ . \ . \quad 7 \div 8\% \\
&\text{Ätznatron} \ . \ . \ . \quad 6{,}7 \div 7\% \\
&\text{Schwefel} \quad . \ . \ . \quad 2{,}5\% \\
&\text{Wasser} \ . \ . \ . \ . \quad 83\%
\end{aligned}
$$

Die noch in der Viskose enthaltenen Verunreinigungen mechanischer Art, die beim Spinnen zum Verstopfen der Spinndüsen und zu Fadenbruch führen würden, werden durch mehrfaches Filtrieren durch Baumwollgewebelagen, deren Feinheit allmählich zunimmt (Flanell $\div$ Batist), entfernt.

Zumeist wird nun im Viskosekeller eine Reife der fertigen Lösung bei bestimmter Temperatur ($15 \div 20^0$ C) und unter Vakuum eingeschaltet (Dauer etwa 4 Tage). Dieses Reifen des Zellulose-Natriumxanthogenats ist ein kolloidchemischer Vorgang und besteht wahrscheinlich in einer Polymerisation des Viskosekomplexes ($3 C_6 H_{10} O_5$). Neuere Verfahren verzichten auf die Reifung, insbesondere für die Herstellung von Stapelfasern (14). Denn während es bei der Kunstseideherstellung hauptsächlich darauf ankommt, den Gehalt an Zellulose konstant zu halten um einen gleichmäßigen Gesamttiter des unendlichen Kunstseidefadens zu gewährleisten wird die Spinnlösung bei Stapelfaserherstellung zweckmäßig auf Viskosität eingestellt. Denn hier ist es unwichtig, ob der Titer von Faser zu Faser genau gleich ist, wenn nur eine absolute Gleichmäßigkeit des Titers innerhalb jeder Einzelfaser gewährleistet wird. Von den Vorratskesseln gelangt die Viskose nun mittels Druckluft zu den Spinnmaschinen.

Eine Maschine für Stapelfasererzeugung besitzt hier 250 Spinnstellen. Eine solche besteht aus Zahnradpumpe, Kerzenfilter, Düse, Fällbad und Fadenführungen. Eine Düse besitzt die hohe Zahl von 200 Bohrungen ($d = 0{,}08$ mm), während bei Erzeugung eines kunstseidenen Fadens die Zahl der Öffnungen durch das Verhältnis von Gesamttiter des Fadens zu Titer des Einzelfadens bestimmt ist und zwischen 18 bis 100 schwankt. Die aus den Düsenöffnungen austretenden Viskosestrahlen erstarren im Fällbad zu Fäden, indem der von der Schwefelkohlenstoff-Behandlung herrührende, löslichmachende Anteil der Viskose durch die Säure des Fällbades wieder abgespalten wird. Durch bei der Fällung austretende Gase, was durch besondere Behand-

lung der Viskose erreicht wird, kann man eine zu glatte, glasige Oberfläche vermeiden, die später eine schlechte Spinnfähigkeit durch Ver-
drehen der Einzelfasern gegeneinander verursachen würde (13). Auch
die Zusammensetzung des Fällbades hat einen großen Einfluß auf den
Querschnitt des erstarrten Fadens (17).

Sämtliche Einzelfäden einer Maschine (50000) laufen durch das Bad
über Porzellanführungen auf ein in der Längsachse der Maschine sich
bewegendes Gummiband. Seine Abzugsgeschwindigkeit beträgt ungefähr
60 m/min. Auf diesem Wege wird noch durch Waschdüsen etwa an den
Fäden anhaftende Säure des Fällbades weggespült. Am Ende der Maschine werden die gesammelten Fäden durch zwei Bronzewalzen geführt,
die das Wasser ausquetschen. Der ganze Strang läuft nun in vertikaler
Richtung zur eigentlichen Schneidevorrichtung. Dieselbe besteht aus
einem sich um eine vertikale Achse drehenden Zylinder mit axialer und
einer dazu rechtwinkliger, horizontaler Bohrung, die sich in kurzer
Krümmung im Innern des Zylinders vereinigen. Durch diese Bohrungen des schnell umlaufenden Zylinders ($n = 1000$ bzw. 750 U/min)
werden die nassen, zu einem Strang vereinigten Fäden geführt. Die
Zentrifugalkraft bewirkt, daß die Fäden nach außen geschleudert werden,
um in gespanntem Zustande jeweils nach einer halben Umdrehung der
Führungstrommel auf ein gegen ihren Umfang eingestelltes, feststehendes
Messer zu treffen, das Fadenstücke von gleichmäßiger Länge (Stapel)
abschneidet. Diese Stapellänge $L$ kann beliebig eingestellt werden und
ist nur abhängig von der Zuführungsgeschwindigkeit $v$ (ungefähr
60 m/min), der Trommeldrehzahl $n$ (ungefähr 750 U/min) und Anzahl
der feststehenden Messer $z$ ($v$ und $z$ meistens konstant):

$$L = \frac{v}{n \cdot z}.$$

Die auf den Strang wirkende Zentrifugalkraft kann durch Veränderung
des Trommeldurchmessers ebenfalls verändert werden. Die Sniafil-
Kurzfaser wird zur Zeit in zwei Typen geschnitten, und zwar 30 und
40 mm von 1,5 Deniers Einzelfasertiter. Dagegen betrug der in folgenden Versuchen verarbeitete Stapel ungefähr 44 mm von 1,74 Den.
Einzelfasertiter (siehe unter Feinheit der Einzelfaser S. 14).

Nach dem Schneiden gelangen die Fasern in eine Waschvorrich-
tung, in der sie 40 Min. lang mit Wasser von 20 bis 25° C und Seife ge-
waschen werden. Zum Entfernen des anhaftenden Wassers werden die
Flocken zuerst etwa 20 Min. zentrifugiert ($n = 600$ U/min), dann im
Schildeofen bei 80° C ca. 4 h getrocknet, wobei auch das unter Quellungserscheinungen aufgesaugte Wasser abgeht. Weil die Quellung ein
umkehrbarer Vorgang ist, so tritt hier auch eine Verkürzung der Fasern
ein, was einerseits die erwünschte Kräuselung hervorruft, anderseits
aber zur Bildung schwer auflösbarer »Faserbändchen« führt, worunter

man viele parallel aneinanderhaftende Fasern versteht. Letzterem könnte vielleicht durch eine während der Trocknung stattfindende starke Faserbewegung vorgebeugt werden. Zum Nachtrocknen und zum Erholen der Fasern werden sie einige Tage in Stocks von 1,5 m Höhe in lufttrockenen Räumen gelagert. Zum Auflösen der erwähnten »Faserbändchen« gelangen die Flocken in einen Reißwolf, der großenteils das Verschwinden der Faserbändchen und eine bessere Auflösung der Wolle überhaupt bewirkt. Jedoch ist die Auflösung nach diesem Verfahren keine vorbildliche zu nennen, da viele Fasern stark verkürzt werden, wie aus dem Stapelschaubild zu ersehen ist (siehe unter Stapelschaubilder S. 64). Es sind jedoch auf Anregung des Verfassers entsprechende Maßnahmen zur Abhilfe dieses Mißstandes eingeleitet worden (vgl. Nachtrag).

Die so gewonnenen Flocken werden dann vor dem Versand in viereckige, mit Rupfen bezogene und mit Bandeisen bespannte Ballen von ungefähr 135 kg verpackt. Unter Annahme des Anfang des Jahres 1930 geltenden Preises für Sniafil von 3,60 M./kg und der Voraussetzung, daß der angelieferte, gebleichte Zellstoff zu 80% ausgenützt wird und 40 Pf./kg kostet, ist die Wertsteigerung 7,2fach (vgl. 18).

Es sei hier noch kurz einiges aus der Patentliteratur besprochen. In dem schon in der Einleitung erwähnten D. R. P. Nr. 266 140 Paul Girards vom 21. Febr. 1912 ist das Prinzip der Stapelfaserherstellung erläutert (29): »Der Kern der Erfindung liegt somit darin, daß, anstatt wie üblich die gewonnenen langen Einzelfäden unmittelbar zu verarbeiten, diese in Fadenmassen von parallelen Einzelfäden gleicher Länge zerschnitten und nach Art der Schappespinnerei ohne die üblichen Vorarbeiten versponnen werden.« Im D. R. P. Nr. 443 413 von C. R. Linkmeyer vom 7. Febr. 1925 ist eine von obiger grundsätzlich abweichende Herstellung unter Vermeidung des Schneidens erklärt (30): »Verfahren zur Herstellung künstlicher Fäden, dadurch gekennzeichnet, daß die Einzelfäden des endlos gesponnenen Fadenbündels beim Spinnen mit Stellen von geringer Haltbarkeit versehen werden und durch Spannen des Fadenbündels die Einzelfäden an den schwachen Stellen in kurze Fasern zerlegt werden.« Dr. A. Lauff will gemäß D. R. P. Nr. 333 174 vom 26. Nov. 1918 eine wollartige Stapelfaser mit starker Kräuselung herstellen (31): »Dieser Zweck wird gemäß der Erfindung dadurch erreicht, daß das Ablegen der mittels Kunstseiden-Spinnvorrichtungen bekannter Art gebildeten Fadenbündel in noch nicht völlig erhärtetem Zustande auf einer fortlaufenden Fördervorrichtung erfolgt, die den Strang mit verringerter Geschwindigkeit weiterführt, so daß die Fäden während des Erhärtens eine geringe Stauchung und Kräuselung erfahren.«

Zum Schluß wird noch allen denen, die Stapelfaser herstellen oder es vorhaben, das eingehende Studium der Naturfaser vom Verfasser empfohlen, nach deren Verarbeitungsmethode die Stapelfaser verarbeitet werden soll, um dann in der Herstellung die physikalisch-technologischen Eigenschaften der Naturfaser nachahmen zu können und so ihrem Verarbeitungswert möglichst nahezukommen.

## b) Chemische Eigenschaften.

Vergleicht man die eben beschriebene Herstellung der Stapelfaser Sniafil mit der einer Viskosekunstseide, so unterscheidet sich erstere durch Wegfall verschiedener Nachbehandlungen. Hierzu zählt vor allem das Entschwefeln mit ungefähr 1% Schwefelnatriumlösung bei $40 \div 50^0$ C unter Bildung von Natriumpolysulfid, wodurch der anhaftende, die Kunstseide gelbfärbende Schwefel entfernt wird:

$$Na_2S + S = Na_2S_2; \quad Na_2S_2 + S = Na_2S_3.$$

Ferner das Bleichen, das zweckmäßig mit Natriumhypochlorit-Lösung (0,1 $\div$ 0,3% aktives Chlor enthaltend) bei $25^0$ C vorgenommen wird, und das Absäuern mit verdünnter Salzsäure (0,5 $\div$ 0,6%) (2).

Diese fehlenden Nachbehandlungen zeigen sich mehr oder weniger an der Fasermasse, die ja sonst dieselbe chemische Zusammensetzung wie aus derselben Viskose gesponnene Kunstseide besitzt. An erster Stelle steht hier der sich schon durch Geruch und gelbliche Farbe der Sniafaser bemerkbar machende Schwefelgehalt, der ungefähr 1,2% beträgt (vgl. Nachtrag).

Eine auf Veranlassung des Verfassers am Staatl. Prüfamt für Textilstoffe, Reutlingen durchgeführte chemische Untersuchung lautet:

»Das eingesandte Fasermaterial »Sniafil« reagierte gegen Lackmus neutral und zeigte einen Aschengehalt von 0,43%. Der Wassergehalt fand sich zu 9,9%, also von gleicher Größenordnung, wie bei einer guten Kunstseide, die zum Vergleich diente und 9,2% Wasser enthielt. Die Kupferzahl ergab sich zu 1,13, bei der Vergleichskunstseide zu 1,15. An Petroläther gab das Material 1,01% Substanz ab (bei Baumwolle 0,1 $\div$ 0,2%) (2), die aber hernach kaum noch in Petroläther löslich und ihrer Natur nach nicht näher aufklärbar war. Die Vergleichskunstseide gab nur 0,23% Substanz an Petroläther ab.«

Zur Unterscheidung von Stapelfaser aus Kupferoxydammoniakseide und Viskosestapelfaser färbt man beide $\frac{1}{2}$ Stunde in einer neutralen Lösung von Naphthylaminschwarz 4 B bei $60 \div 70^0$ C an, wäscht und trocknet. Dabei färbt sich erstere blaugraudunkel, letztere rötlichblau (2). Um jedoch eine wirklich einwandfreie Unterscheidung der verschiedenen Kunstseiden (Stapelfasern) zu bekommen, wird gewöhnlich die Mikroskopie herangezogen.

Zum Schluß sei noch ausdrücklich betont, daß die aus Viskose gewonnenen Produkte, also auch »Sniafil«, einen chemisch außerordentlich schwierigen und noch nicht eindeutig geklärten Aufbau besitzen und deshalb hier nicht viel darüber gesagt werden kann.

## c) Physikalische und technologische Eigenschaften.

Wie schon in der Einleitung erwähnt, ist es außerordentlich wichtig, die Eignung der Faser zur Gespinnstbildung und die Herstellung des Fertiggutes als Gesamtproblem aufzufassen. Aus diesem Grunde wurden die in Betracht kommenden physikalischen und technologischen Eigenschaften der Snialfilfaser genau ermittelt und, um ihren Verarbeitungswert beurteilen zu können, zu denen der Baumwollfaser in Beziehung gesetzt. Die Untersuchungen und deren Auswertung erstreckte sich auf folgende Punkte:

1. Dicke und Quellung der Einzelfaser,
2. Feinheit der Einzelfaser,
3. Spezifisches Gewicht,
4. Festigkeit und Dehnung der Einzelfaser in luftfeuchtem und nassem Zustand,
5. Reißlänge der Einzelfaser und Substanzfestigkeit,
6. Mikroskopie (Faserform, Oberflächenbeschaffenheit, Querschnitt). (Stapelschaubild siehe später.)

### 1. Dicke und Quellung der Einzelfaser.

Versuchseinrichtung: Verwendet wurde ein Schoppersches Mikroskop mit umlegbarem Stativ, grobe Einstellung durch Zahnstange und Trieb, feine Einstellung durch Mikrometerschraube bewirkbar, ausziehbarem Tubus mit Millimeterteilung, drehbarem runden Tisch, Iriszylinderblendung, Beleuchtung durch nach allen Richtungen verstellbaren Plan- und Hohlspiegel und 1 Revolver für 3 Objektive. (Vergrößerungen: 80, 264, 496.) Angewandte Vergrößerung = 8 · 62 = 496. Zur Messung wurde das Okularmikrometer (beziffert) mit dem Objektmikrometer (unbeziffert) geeicht. 50 Teilstriche des Okularmikrometers entsprachen 12,4 Teilstrichen des Objektmikrometers = 124 $\mu$[1]); mithin beträgt der Teilwert des Okularmikrometers 124 : 50 = 2,48 $\mu$. Die Einzelfasern wurden mit einer Lösung von Methylenblau angefärbt und dann an der Luft getrocknet. Bei den Dickenmessungen der lufttrockenen Faser wurde als Einbettungsmittel Kanadabalsam verwendet, bei denen der nassen Faser diente das zugegebene Wasser als Einbettungsmittel. Es wurden je 500 Ablesungen am Mikroskop vorgenommen (insgesamt 1000), wobei so vorgegangen wurde, daß längs einer Faser immer eine Anzahl von Messungen gemacht wurde. Die Versuchsergebnisse sind in den nachfolgenden Zahlentafeln 1 und 2 übersichtlich zusammengestellt. (Die Abweichungen des Untermittels vom Hauptmittel und der kleinsten Dicke von der größten Dicke sind jeweils auf das Hauptmittel bezogen.)

[1]) 1 $\mu = \dfrac{1}{1000}$ mm.

Zahlentafel 1.

### Dicke der Einzelfaser

| luftfeucht | | naß | |
|---|---|---|---|
| Hauptmittel | = 12,72 $\mu$ | Hauptmittel | = 20,0 $\mu$ |
| Untermittel | = 11,41 $\mu$ | Untermittel | = 18,13 $\mu$ |
| Abweichung | = 10,3 % | Abweichung | = 9,35 % |
| Größte Dicke | = 19,84 $\mu$ | Größte Dicke | = 29,76 $\mu$ |
| Kleinste Dicke | = 7,19 $\mu$ | Kleinste Dicke | = 12,9 $\mu$ |
| Abweichung | = 99,44 % | Abweichung | = 84,3 % |

(Lineare) Quellung = **57,2** % (bezogen auf das Hauptmittel — luftfeucht).

Zahlentafel 2.

#### luftfeucht

| Anteil in % | 2,0 | 0,6 | 9,0 | 5,8 | 19,8 | 27,6 | 9,0 | 15,8 | 3,0 | 2,0 | 3,8 | 1,2 | 0,4 |
|---|---|---|---|---|---|---|---|---|---|---|---|---|---|
| bis Dicke in $\mu$ | 8 | 9 | 10 | 11 | 12 | 13 | 14 | 15 | 16 | 17 | 18 | 19 | 20 |

#### naß

| Anteil in % | 0,2 | 0,6 | 2,8 | 4,6 | 4,4 | 13,4 | 8,2 | 22,4 | 12,8 | 7,2 | 10,6 | 4 | 6,4 | 1,4 | 0,4 | 0,2 | 0,2 | 0,2 |
|---|---|---|---|---|---|---|---|---|---|---|---|---|---|---|---|---|---|---|
| bis Dicke in $\mu$ | 13 | 14 | 15 | 16 | 17 | 18 | 19 | 20 | 21 | 22 | 23 | 24 | 25 | 26 | 27 | 28 | 29 | 30 |

(Kurven siehe Abb. 1 u. 2).

Wie aus der Zahlentafel 1 ersichtlich, sind die Dicken der nassen Fasern bedeutend größer als die der luftfeuchten. Schon beim Zugeben des Wassers macht sich unter dem Mikroskop eine plötzliche Zunahme der Dicke der Faser bemerkbar, welche jedoch auch gleichzeitig in ihrer Breite und Länge wächst. Dieser Vorgang wird mit Quellung bezeichnet. Quellung, streng genommen: Begrenzte Quellung heißt der Vorgang, bei dem ein fester Körper ein flüssiges Quellungsmittel unter mehr oder weniger starker Volumenzunahme in sich aufnimmt, ohne dabei seinen Zusammenhalt zu verlieren und in Lösung zu gehen (15). Die Quellung der Stapelfaser schwankt stark je nach dem zu ihrer Herstellung benutzten Ausgangsmaterial und der Art seiner Verarbeitung. Die kubische Quellungsgröße, d. h. die räumliche Zunahme der Faser beim Einlegen in Wasser, weicht nur wenig von der quadratischen ab, so daß im allgemeinen die letztere ein ausreichendes Bild über die bei der Quellung eintretende Änderung der Faser gewährt. Alle Kunstseiden (Stapelfasern) erleiden bei der Benetzung mit Wasser eine namhafte Festigkeitsverminderung, die zur Größe der stattfindenden Quellung in gewisser Beziehung steht. Annähernd verläuft die Festigkeitsabnahme parallel der quadratischen bzw. kubischen Quellung. Der Quellungsvorgang im Wasser ist ein umkehrbarer (in Natronlauge nicht umkehrbar), denn beim Austrocknen der Fasern wird der ursprüngliche Zustand vollständig wieder hergestellt (15 u. 3). Daraus ist zu ersehen, daß beim Quellungsvorgang in Wasser nur die Dehnung des Fadens unterhalb der Elastizitätsgrenze beansprucht wird. (Längenänderung bei Viskosekunstseide bis zu 7,4% nach Herzog.) Dr. W. Weltzien findet einen Zu-

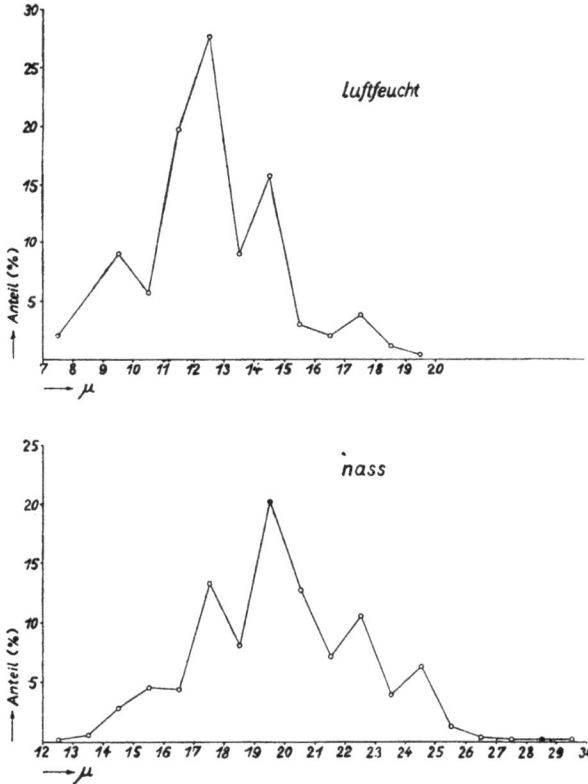

Abb. 1 u. 2. Häufigkeitskurven für Faserdicke (zu Zahlentafel 2).

sammenhang zwischen Dehnung in Luft und Längung in Wasser (15 u. 16). Besitzt also eine Stapelfaser einen hohen Quellungsgrad, so ist dies einerseits das Zeichen für eine geringe Naßfestigkeit, anderseits für eine gute elastische Dehnung. Der hier ermittelte Wert einer linearen Quellung in Wasser von 57,2% stellt einen für Viskosefaser etwas hohen, aber noch annehmbaren Wert dar (Azetatseide 5,7%, Gelatineseide 356,1%) (3). Die Zunahme der Faser in Längsrichtung konnte infolge der Schwierigkeit der Versuche hier nicht gemessen werden.

Die Dickenmessungen wurden von Herrn Dr. Döhner nach dem nach ihm benannten Wollmeßverfahren ebenfalls durchgeführt; die Ergebnisse aus 200 Ablesungen sind ausgedrückt in Prozenten der »geraden $\mu$«:

| 21,4% | 29,7% | 37,2% | 11,6% |
|-------|-------|-------|-------|
| 10 $\mu$ | 12 $\mu$ | 14 $\mu$ | 16 $\mu$ |

Das hieraus errechnete Hauptmittel von 12,77 $\mu$ zeigt eine gute Übereinstimmung mit dem vom Verfasser gefundenen Mittelwert von 12,72 $\mu$. Aus Zahlentafel 1 ist ersichtlich, daß die Abweichungen in den Dicken bei der nassen Faser geringer sind als bei der luftfeuchten, was vielleicht durch einen während der Quellung sattfindenden Spannungsausgleich erklärt sein dürfte. Ferner ist aus der geringen Abweichung des Untermittels vom Hauptmittel ($= 10,3\%$ bzw. $= 9,35\%$) zu entnehmen, daß es sich um eine sehr gleichmäßige und künstliche Faser handelt, was auch aus der gegenüber den Naturfasern geringen Variationsbreite der Häufigkeitskurven hervorgeht (siehe Abb. 1 und 2). Der zackige Verlauf der Kurven muß wohl in der Herstellung der Faser begründet sein. Die Kurven zeigen eine gewisse Ähnlichkeit; auch veranschaulichen sie deutlich die in Zahlentafel 1 gefundenen Werte.

Vergleich mit der Baumwollfaser: Von mikroskopischen Ermittlungen der Dicke bzw. Breite der Baumwollfaser wurde hier abgesehen, einerseits weil diese bekanntlich eine bandartige, gedrehte Form aufweist und deshalb die zu messende Dicke stark von der jeweiligen Meßstelle abhängig ist, andererseits weil die mittlere Dicke der Faser mit der Baumwollsorte wechselt. Wie aus den später folgenden mikrophotographischen Aufnahmen und der Feinheitsbestimmung zu ersehen ist, entspricht die Sniafaser in ihrer mittleren Dicke einer normalen amerikanischen Baumwolle. In bezug auf den Verarbeitungswert ist der Faserdurchmesser (Dicke) insofern von Wichtigkeit, als mit ihm auch die Steifigkeit wächst und somit die erwünschte Schmiegsamkeit schwindet. Nach Untersuchungen von Walz war die Steifigkeit einer Viskosefaser 2,06 der einer Baumwollfaser. Man kann bei Baumwolle tatsächlich von fast vollkommener Biegsamkeit sprechen (7). Diese ist wohl in erster Linie in der bandartigen gedrehten Form und damit in der Länge wechselnden Biegungssteifigkeit begründet, gegenüber dem fast runden Querschnitt der Sniafaser.

Quellungserscheinungen konnten vom Verfasser bei Baumwolle nicht wahrgenommen werden.

## 2. Feinheit der Einzelfaser.

Die Feinheit oder Nummer der Einzelfaser wurde mittels des »Stapelschneiders« (von Dr. Kuhn, Augsburg) und einer Torsionswaage (Zweigle, Reutlingen) bestimmt (28). Zunächst wurde der Stapel von

Hand gezogen, etwas ausgekämmt, wobei die Fasern ganz parallel zu
liegen kamen; hierauf wurden die beiden Faserbärte senkrecht zur Faser-
richtung abgeschnitten, so daß das Mittelstück von der genauen Länge
(12 mm) übrigblieb. Durch Auszählen der Einzelfasern dieses Mittel-
stückes unter der Lupe (Anzahl $= Z$), aus ihrem Gesamtgewicht ($g_1$)
und ihrer Länge ($l_1 = 12$ mm $=$ konstant) konnte die Nummer der
Einzelfaser leicht errechnet werden:

$$N_m = Z \cdot \frac{l_1}{g_1}.$$

Die Umrechnung in Denier wurde vorgenommen nach der Formel:

$$N_{\text{den}} = \frac{9000}{N_m}.$$

I. Versuch:

| | |
|---|---|
| $l_1 = 12$ mm | $N_m = 5224$ |
| $g_1 = 2{,}15$ mg | $N_f = 2612$ |
| $Z = 936$ | $N_{\text{den}} = 1{,}722$ |

II. Versuch:

| | |
|---|---|
| $l_1 = 12$ mm | $N_m = 5178$ |
| $g_1 = 2{,}0$ mg | $N_f = 2589$ |
| $Z = 863$ | $N_{\text{den}} = 1{,}736$ |

III. Versuch:

| | |
|---|---|
| $l_1 = 12$ mm | $N_m = 5113$ |
| $g_1 = 1{,}15$ mg | $N_f = 2556$ |
| $Z = 490$ | $N_{\text{den}} = 1{,}760$ |

Die aus den drei Versuchen errechneten Mittelwerte sind:

$$N_m = 5172$$
$$N_f = 2586$$
$$\mathbf{N_{\text{den}} = 1{,}740}$$

Alle Werte beziehen sich auf die luftfeuchte Faser (Feuchtigkeitsgehalt
$=$ ca. 12%).

Vergleich mit der Baumwollfaser: Nach einem Vortrag von
Prof. Johannsen betragen die Nummern (metrisch) der wichtigsten
Baumwollsorten:

| | |
|---|---|
| Ostindische Baumwolle . . . . | 2700÷3720 |
| Amerikanische Baumwolle . . . | 4060÷5080÷5940 |
| Ägyptische Baumwolle (Mako) . | 5940÷6440 |
| Sakellaridis . . . . . . . . . | 8820÷9660 |

Daraus ist zu entnehmen, daß die verarbeitete Sniafaser in ihrer Feinheit einer mittleren amerikanischen Baumwolle entspricht. (Die neuer-

dings hergestellte Faser besitzt die Feinheit der ägyptischen Baumwolle $N_m = 6000$.)

Es ist zu bemerken, daß, obwohl eine sehr feine Faser in bezug auf die größere Schmiegsamkeit erwünscht ist, die gegenüber Baumwolle geringere Substanzfestigkeit die Herstellung einer zu feinen Faser, welche den Beanspruchungen der Verarbeitung nicht gewachsen wäre, nicht erlaubt.

### 3. Spezifisches Gewicht.

Mangels einer Einrichtung konnte das spez. Gewicht der Sniafaser nicht selbst bestimmt werden, sondern wurde in Reutlingen ermittelt. Am gebräuchlichsten ist das Verfahren von Vignon mit Hilfe der hydrostatischen Waage unter Anwendung von Benzol oder Petroleum als Immersionsflüssigkeit (3). Das gefundene spezifische Gewicht betrug

$$s = 1,48$$

(echte Seide: $s = 1,37$; Kunstseide $s = 1,52$ (3)).

Vergleich mit der Baumwollfaser: Über die spezifischen Gewichte von Baumwolle sind schon viele Versuche gemacht worden. Die Ergebnisse schwanken zwischen $1,48 \div 1,51$ g/cm³. Diese Versuche sind praktisch sehr schwer durchzuführen, weil die Hohlräume (Lumen) dem Eindringen der Immersionsflüssigkeit große Schwierigkeiten bereiten (6). Es ist ersichtlich, daß in den spezifischen Gewichten der Sniafilfaser und Baumwollfaser kein wesentlicher Unterschied besteht, was als günstig angesprochen werden muß.

### 4. Festigkeit und Dehnung der Einzelfaser im luftfeuchten und nassen Zustande.

Zur Ermittlung der Bruchfestigkeit und Bruchdehnung wurde der »Deforten-Apparat« nach Professor Kreis verwendet. Sein Aufbau sei als bekannt vorausgesetzt (4); deshalb werde nur die Durchführung der Versuche kurz beschrieben:

Um die Einzelfaser beim Einspannen nicht irgendwie zu beanspruchen, wurde sie auf ein kleines Papierrähmchen mit einem Fenster von 1 cm² aufgeklebt, wobei zur besseren Sichtbarmachung der Faser eine schwarze Glasplatte als Unterlage diente. Als Klebemittel wurde eine Mischung von 3 Teilen Kolophonium und 1 Teil reinem Bienenwachs verwendet. Es wurde so vorgegangen, daß eine Faser zunächst an ihrem einen Ende auf der Glasplatte festgeklebt wurde, hierauf das Papierrähmchen daruntergeschoben, die Faser genau über die Mitte der Aussparung geführt und zuletzt mit je 1 Tropfen Klebemasse am oberen und unteren Ende des Fensters angeklebt wurde. Dabei war zu beachten, daß die festgeklebte Faser noch ihre natürliche Kräuselung zeigte und zur Wahrung der genauen Einspannlänge (= 10 mm) die

Klebemasse scharf mit den Rändern des Fensters abschloß. Das Papierrähmchen (Reiterchen) wurde nun zwischen den Klemmbacken des Apparates eingespannt und hierauf mit einer Schere durchschnitten, so daß die Sniafaser die einzige Verbindung zwischen den Klemmschraubenstücken war. Hierauf wurde die Festhaltung der Waage gelöst, der Wasserzulauf in das Eimerchen bewerkstelligt und gleichzeitig die Bewegung des Rußblättchens mittels Uhrwerk eingeschaltet (18,5 Auf- und Abgänge je Min.). Diese Rußblättchen wurden hergestellt, indem kleine Papierstückchen aus glattem Zeichenpapier über dem Glasspiritusbrenner, der mit einer Mischung aus Alkohol-Toluol (1 : 1) gefüllt war, berußt wurden. Im Augenblick des Faserrisses wurde der Wasserzulauf abgestellt, der so geregelt war, daß ein Versuch ungefähr $\frac{1}{4}$ bis $\frac{1}{2}$ Min. dauerte. Aus dem zugelaufenen Wassergewicht erhielt man die Reißfestigkeit in g, aus dem auf das Rußblättchen (mit Schellacklösung fixiert) gezeichneten Diagramm die Bruchdehnung. Zu letzterer wurde die Längung der Faser infolge der natürlichen Kräuselung nicht gezählt, so daß sie sich demnach nur aus bleibender und vorübergehender Dehnung zusammensetzt.

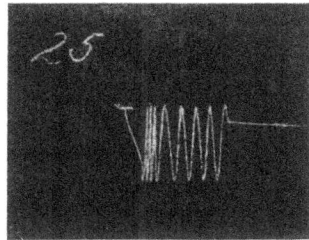

Abb. 3. Dehnungsdiagramm der luftfeuchten Faser in natürlicher Größe.

In dieser Weise wurden je 500 Versuche mit der luftfeuchten und nassen Faser durchgeführt. Letztere wurde dadurch erhalten, daß die luftfeuchte Faser schon im aufgeklebten Zustande einige Minuten der Einwirkung des Wassers ausgesetzt wurde. Jeweils nach 10 Versuchen wurde die relative Feuchtigkeit und die Temperatur in $^0$C aufgeschrieben und daraus der Wassergehalt der Luft bestimmt. Dieser betrug im Mittel rund 12 g/m³, was einer relativen Feuchtigkeit von 70% bei einer Temperatur von 20$^0$ C entspricht. Große Schwankungen traten nicht ein. Die Versuchsergebnisse sind in folgenden Zahlentafeln 3 und 4 übersichtlich zusammengestellt. Alle Abweichungen wurden in Prozent auf das jeweilige Hauptmittel bezogen.

Zahlentafel 3.

| Reißfestigkeit | | | |
|---|---|---|---|
| luftfeucht | | naß | |
| Hauptmittel | = 3,63 g | Hauptmittel | = 2,97 g |
| Untermittel | = 3,12 g | Untermittel | = 2,46 g |
| Abweichung | = 14,05 % | Abweichung | = 17,17 % |
| Höchste Reißfestigkeit | = 7,40 g | Höchste Reißfestigkeit | = 5,00 g |
| Niederste Reißfestigkeit | = 1,85 g | Niederste Reißfestigkeit | = 1,20 g |
| Abweichung | = 152,9 % | Abweichung | = 127,9 % |

Zahlentafel 3 (Fortsetzung).

## Dehnung

| luftfeucht | naß |
|---|---|
| Hauptmittel = 11,72 % | Hauptmittel = 10,38 % |
| Untermittel = 8,82 % | Untermittel = 7,93 % |
| Abweichung = 24,74 % | Abweichung = 23,60 % |
| Höchste Dehnung = 26,75 % | Höchste Dehnung = 19,50 % |
| Niederste Dehnung = 4,5 % | Niederste Dehnung = 4,25 % |
| Abweichung = 189,85 % | Abweichung = 146,92 % |

## Gegenüberstellung

| Reißkraft | Dehnung |
|---|---|
| Hauptmittel luftfeucht = 3,63 g | Hauptmittel luftfeucht = 11,72 % |
| Hauptmittel naß = 2,97 g | Hauptmittel naß = 10,38 % |
| Abweichung = 18,18 % | Abweichung = 11,43 % |

Zahlentafel 4.

## Reißfestigkeit

### luftfeucht

| Anteil in % | 0,8 | 3,6 | 15,6 | 26,8 | 30,0 | 13,8 | 6,6 | 0,8 | 1,2 | 0,4 | — | 0,4 |
|---|---|---|---|---|---|---|---|---|---|---|---|---|
| bis g | 2,0 | 2,5 | 3,0 | 3,5 | 4,0 | 4,5 | 5,0 | 5,5 | 6,0 | 6,5 | 7,0 | 7,5 |

### naß

| Anteil in % | 0,6 | 6,4 | 18,0 | 30,2 | 27,4 | 13,4 | 3,6 | 0,4 |
|---|---|---|---|---|---|---|---|---|
| bis % | 1,5 | 2,0 | 2,5 | 3,0 | 3,5 | 4,0 | 4,5 | 5,0 |

## Dehnung

### luftfeucht

| Anteil in % | 1,0 | 4,2 | 5,4 | 5,4 | 8,4 | 7,4 | 9,2 | 14,4 | 13,4 | 6,8 | 9,0 | 5,2 | 5,2 | 1,6 | 1,2 | 0,8 | 0,6 | 0,6 | 0,2 |
|---|---|---|---|---|---|---|---|---|---|---|---|---|---|---|---|---|---|---|---|
| bis % | 5 | 6 | 7 | 8 | 9 | 10 | 11 | 12 | 13 | 14 | 15 | 16 | 17 | 18 | 19 | 20 | 21 | 22 | (27) |

### naß

| Anteil in % | 4,0 | 3,6 | 6,2 | 12,0 | 11,4 | 13,2 | 12,8 | 8,0 | 12,6 | 4,0 | 4,4 | 3,0 | 2,4 | 1,4 | 0,8 | 0,2 |
|---|---|---|---|---|---|---|---|---|---|---|---|---|---|---|---|---|
| bis % | 5 | 6 | 7 | 8 | 9 | 10 | 11 | 12 | 13 | 14 | 15 | 16 | 17 | 18 | 19 | 20 |

(Kurven siehe Anhang.)

Reißfestigkeit: Aus Zahlentafel 3 ist ersichtlich, daß die Abweichungen des Untermittels vom Hauptmittel der Reißfestigkeit und der niedersten Reißfestigkeit von der höchsten beträchtlich größer sind als die Abweichungen in den Dicken (Zahlentafel 1), was auch damit erklärlich ist, daß die Faserfestigkeit mit dem Querschnitt, also ungefähr quadratisch mit der Faserdicke wächst. Aus der Gegenüberstellung geht hervor, daß der Unterschied in den Festigkeiten der luftfeuchten

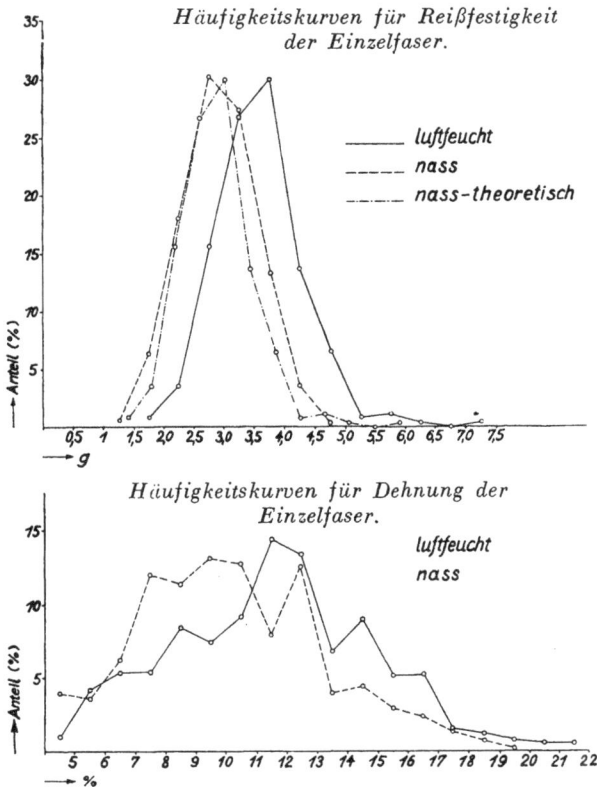

*Häufigkeitskurven für Reißfestigkeit der Einzelfaser.*

——— *luftfeucht*

– – – *nass*

–·–· *nass-theoretisch*

*Häufigkeitskurven für Dehnung der Einzelfaser.*

*luftfeucht*

*nass*

Abb. 4 u. 5 (zu Zahlentafel 4).

und nassen Faser nur 18,18% beträgt und nicht, wie zu erwarten war, ungefähr gleich der quadratischen Quellung (lineare Quellung = 57,2%) ist. Die Einzelfaser besitzt also die gute Naßfestigkeit von 81,82% (bezogen auf die luftfeuchte Faser). Es muß aber hier erwähnt werden, daß der Begriff »Naßfestigkeit« nicht eindeutig festgelegt ist.

Die Häufigkeitskurven (Abb. 4) besitzen geringe Variationsbreiten[1] (Kunstprodukt!). Aus dem Vergleich der Kurven »naß« und »naß-

---

[1] Variationsbreite = Basisbreite einer Häufigkeitskurve.

theoretisch« (letztere errechnet unter Annahme einer gleichmäßigen mittleren Naßfestigkeit von 81,8% für alle Fasern) ist auch ersichtlich, daß die prozentuale Naßfestigkeit der Fasern, deren Reißfestigkeit (luftfeucht) unter dem Hauptmittel liegt, geringer ist als der übrigen Fasern. Die zu feinen Fasern einer Probe, die diese geringe Naßfestigkeit besitzen, sind deshalb nicht als fehlerfrei anzusprechen (Herstellung!). Man beachte, daß die Kurve »naß« ein ungefähres Spiegelbild der Kurve »luftfeucht« darstellt.

Dehnung: Hier sind die Abweichungen des Untermittels vom Hauptmittel und der niedersten Dehnung von der höchsten besonders groß. Aus der Gegenüberstellung geht hervor, daß die Dehnung der nassen Faser gegenüber der trockenen nicht in dem Maße wie die Festigkeiten abnehmen. Die Abweichung beträgt hier nur 11,4%.

Die Häufigkeitskurven für die Dehnungen (luftfeucht und naß) besitzen eine außerordentlich große Variationsbreite, was eine kennzeichnende Erscheinung für Stapelfasern ist. Die Kurven zeigen eine ähnliche Zackung wie die Häufigkeitskurven für Faserdicke.

Vergleich mit der Baumwollfaser: Die Festigkeit und Dehnung der Fasern haben mit den größten Einfluß auf die Spinnbarkeit. Die Reißfestigkeit der Einzelfaser bei Baumwolle schwankt zwischen 4,52 und 8,8 g je nach der Herkunft, die Dehnung der Einzelfaser zwischen 5,99 und 12,26%. Die mittlere Reißfestigkeit einer Ordinary American wurde ermittelt zu 5,808 g, die mittlere Dehnung zu 7,535% (6). Die entsprechenden Werte der Sniafilfaser betrugen 3,63 g und 11,72%. Zum absoluten Vergleich der Festigkeiten müssen jedoch die Substanzfestigkeiten dienen. Obwohl die Sniafilstapelfaser im Mittel bedeutend bessere Dehnungen als Baumwolle aufweist, wird dies wieder ausgeglichen einerseits durch die großen Unterschiede in den Dehnungen der Sniafaser (4,5% bis 26,75%), anderseits durch die Tatsache, daß die bleibende (elastische) Dehnung bei Baumwolle $1/4$ bis $1/6$, bei Viskosestapelfaser nur $1/6$ bis $1/10$ der gesamten Dehnung beträgt (7).

5. Reißlänge der Einzelfaser und Substanzfestigkeit.

Die Reißlänge läßt sich errechnen nach der Formel:

$$R = \frac{N_m \cdot g}{1000} \text{ (km)}.$$

$N_m$ = Nummer-metrisch der Einzelfaser = 5172.

$g$ = Reißfestigkeit der Einzelfaser = 3,63 g.

$$R = \frac{5172 \cdot 3,63}{1000} = 18,77 \text{ km}.$$

Die Substanzfestigkeit wird errechnet nach der Formel:

$$p = R \cdot s \ (\text{kg/mm}^2).$$

$s = $ spezifisches Gewicht $= 1,48$ g/cm$^3$.

$$\boldsymbol{p = 18,77 \cdot 1,48 = 27,78} \ \text{kg/mm}^2.$$

Es sei darauf hingewiesen, daß sich die gefundenen Werte auf die luftfeuchte Faser beziehen.

Vergleich mit der Baumwollfaser: Die Reißlänge der Einzelfaser für eine mittlere amerikanische Baumwolle beträgt ca. 25 km, die Substanzfestigkeit wird im allgemeinen zu 37,5 kg/mm$^2$ angenommen (19). Die entsprechenden Werte der Sniafilstapelfaser liegen demnach tiefer, sind aber trotzdem für Stapelfaser nicht als schlecht anzusprechen. Eine früher in Reutlingen untersuchte Viskosestapelfaser besaß die Reißlänge von 10,9 km und eine Substanzfestigkeit von 17,0 kg/mm$^2$ (8). Die Reißlänge und Substanzfestigkeit der Stapelfaser Sniafil betragen also ungefähr 75% der Reißlänge und Substanzfestigkeit der Vergleichs-Baumwollfaser.

### 6. Mikroskopie.

Versuchseinrichtung: Verwendet wurde ein Schopper-Mikroskop, wie unter »Dicke und Quellung der Einzelfaser« beschrieben, ein Schlittenmikrotom (Reichert-Wien) und die für die Aufnahmen notwendige photographische Einrichtung. Die Konstruktion der Apparate wird als bekannt vorausgesetzt und hier nur die Durchführung der Versuche kurz beschrieben (vgl. auch 3 u. 9).

Faserdraufsicht: Die Fasern wurden jeweils mit Methylenblau leicht angefärbt und getrocknet. Hierauf wurde eine geringe Anzahl leicht aufgelockert und unter Zugabe eines Tropfens Kanadabalsam als Einbettungsmittel zwischen Objektträger und Deckglas gebracht. Der zu photographierende Ausschnitt wurde im Mikroskop scharf eingestellt und mittels einer aufschraubbaren Kamera aufgenommen. Die Lichtzufuhr erfolgte von unten über den Beleuchtungsspiegel unter Vorschaltung eines entsprechenden Lichtfilters, das nur einfarbiges (gelbes) Licht hindurch ließ. Die Vergrößerung auf der Platte betrug ungefähr 50, die Nachvergrößerung 1,6, so daß die Vergrößerung im Bild ungefähr 80 beträgt.

Faserquerschnitt: Zur Anfertigung der Schnitte wurde wie folgt vorgegangen: Ein Faden aus Sniafil-Stapelfaser wurde zur Ausfüllung der Hohlräume zwischen den Einzelfasern mehrmals durch Kollodiumlösung gezogen und aus dieser das Kollodium erstarren gelassen. Danach wurde zur besseren Sichtbarmachung der nachträglich herzustellenden Schnitte der vorbehandelte Faden mit Methylenblau gefärbt, getrocknet und frei in einer Glasform mittels Plastellin ausgespannt. Über der Flamme flüssig gemachtes Paraffin (Schmelzpunkt

40÷45⁰ C) wurde kurz vor seinem Erstarren in die Form gegossen. Nach Abkühlen durch Wasser wurde das so erhaltene Paraffinstäbchen in das Schlittenmikrotom eingespannt und Schnitte von der Stärke 10 $\mu$

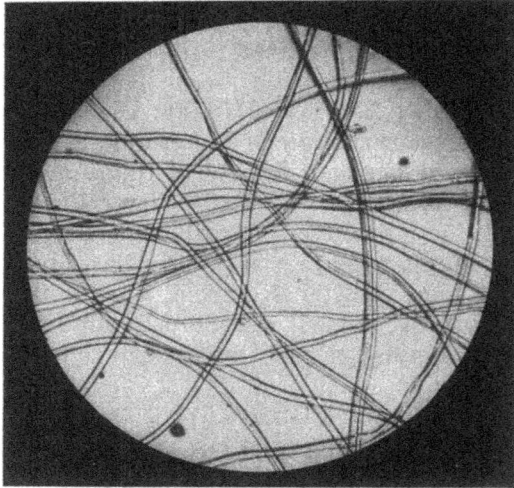

Abb. 6. Sniafilstapelfasern. Vergrößerung ungefähr 80.

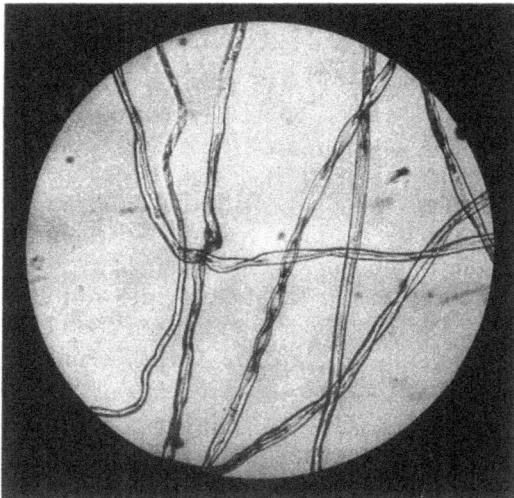

Abb. 7. Baumwollfasern. Vergrößerung ungefähr 80.

angefertigt, die dann mittels eines feinen Haarpinsels auf den durch die Bunsenflamme fettfrei gemachten Objektträger gebracht wurden. Nach Zugabe eines Tropfens Kanadabalsam als Einbettungsmittel wurde das Deckglas daraufgebracht. Die Aufnahmen erfolgten in der vorher beschriebenen Weise, wobei die Vergrößerungen in Platte und Bild ungefähr 250 (bzw. 385) betrugen.

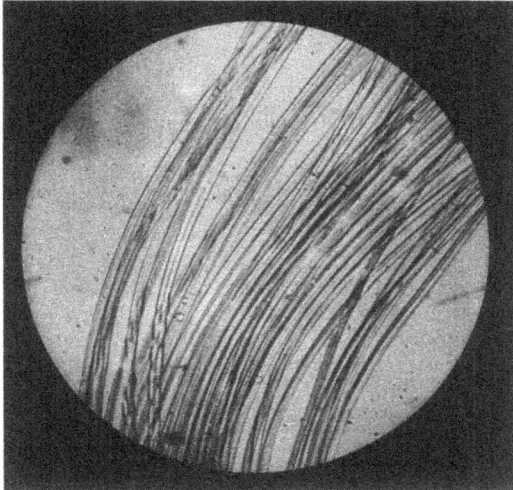

Abb. 8. Sniafilfaserbändchen. Vergrößerung ungefähr 80.

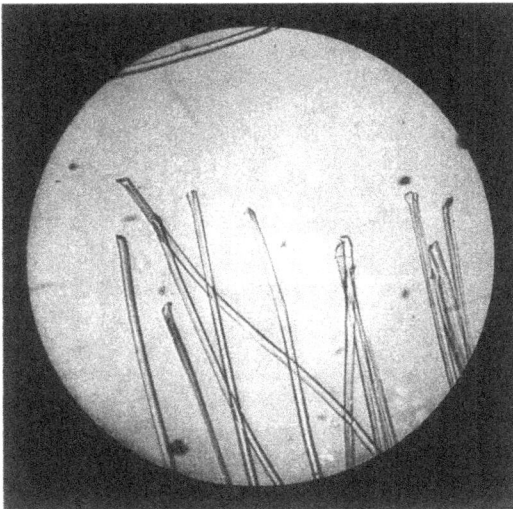

Abb. 9. Sniafilfaserenden. Vergrößerung ungefähr 80.

Besprechung der Abbildungen: Aus dem Vergleich der Abb. 6 und 7 ist ersichtlich, daß die Baumwollfaser bedeutend mehr Kräuselung aufweist als die Sniafilfaser und noch dazu die früher beschriebene

bandartige, gedrehte Form besitzt. Auch ist ihre Oberflächenbeschaffenheit eine rauhere als die der Sniafilfaser (Viskosestapelfaser). Diese

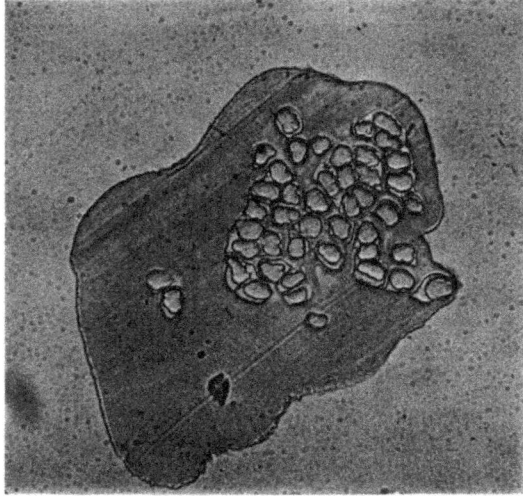

Abb. 10. Paraffinschnitt eines Sniafilfadens.
Vergrößerung ungefähr 250.

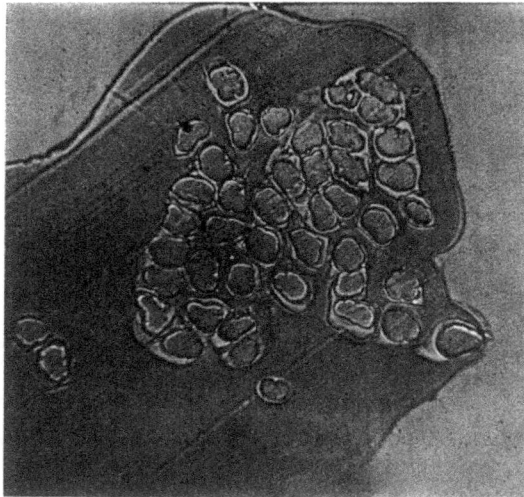

Abb. 11. Paraffinschnitt eines Sniafilfadens.
Vergrößerung ungefähr 385.

Tatsachen sind insofern von Wichtigkeit, als sie die Reibung der Fasern
untereinander, die bekanntlich (außer der Substanzfestigkeit) für
den gesamten Spinnvorgang und vor allem für die Reißkraft und

Dehnung des gesponnenen Fadens ausschlaggebend sind, wesentlich beeinflussen.

Abb. 8 veranschaulicht die im Rohgut vorkommenden, schon früher erwähnten Faserbändchen, deren Auflösung mit Schwierigkeiten verbunden ist. Die absolut parallele Lage vieler Einzelfasern ist deutlich erkennbar.

Abb. 9 zeigt Faserenden der Stapelfaser Sniafil, die keine glatte Schnittfläche besitzen, sondern keulenförmig auslaufen.

Abb. 10 und 11 stellen einen Paraffinschnitt eines Sniafilfadens in zwei verschiedenen Vergrößerungen dar. Die Umhüllung mit Kollodium ist erkennbar. Im Gegensatz zum flachen, gelappten Querschnitt der Baumwollfaser (6), auf dessen Herstellung der Schwierigkeit halber verzichtet werden mußte, zeigt die Sniafilfaser einen abgerundeten, leicht nierenförmigen Querschnitt mit hohem Völligkeitsgrad. Auf diesem Unterschied beruht auch großenteils die größere Steifigkeit bzw. geringere Schmiegsamkeit der Sniafilfaser gegenüber der Baumwollfaser. Hierauf wurde auch schon unter »Dicke und Quellung der Einzelfaser« hingewiesen. Von besonderer Bedeutung aber ist die Ermittlung der Querschnittsform zur Unterscheidung der verschiedenen Kunstseiden bzw. Stapelfasern; so ist deutlich erkennbar, daß es sich hier um eine Viskosestapelfaser handelt.

Nach Ansicht des Verfassers wäre es für den Verarbeitungswert der Faser günstiger, wenn sie einen mehr gezackten Querschnitt zeigen würde, was gleichbedeutend wäre mit einer rauheren Oberfläche und damit größerem Reibungswert. Daß Viskosestapelfaser für die Verspinnung schlechtere Reibungswerte als Baumwolle aufweist, geht aus den Untersuchungen von Dr.-Ing. Chr. Fr. Walz hervor (7):

Reibung von Faserstoff auf Faserstoff:

Reibungszahl für Baumwolle . . . . . $= 0,267,$
» » Viskosestapelfaser . . $= 0,258.$

Reibung von Faserstoff auf Eisen:

Reibungszahl für Baumwolle . . . . . $= 0,188,$
» » Viskosestapelfaser . . $= 0,215.$

Wenn auch die Werte »Reibung von Faserstoff auf Faserstoff« sich nicht zu sehr unterscheiden, so ist doch ihre Wirkung auf die Festigkeit des Garnes nicht zu unterschätzen, da die Reibungszahl hierbei im Exponenten der Gleichung für die Reibungskraft erscheint (7). Ebenso ist die größere Affinität der Stapelfaser zu Eisen, mit dem sie während ihrer Verarbeitung viel in Berührung kommt, als ungünstig zu bezeichnen.

# III. Verarbeitung in der Spinnerei.

## a) Bemerkungen über die Art und Ausführung der Versuche. Zeichenerklärung.

Wie schon in der Einleitung erwähnt, wurden die Versuche durchgeführt unter Festhaltung an der Regel, mit möglichst kleiner Abweichung vom Baumwollverfahren selbst und geringsten Maschinenänderungen auszukommen und schon nach Erreichung eines ersten Erfolges den Versuch aufzunehmen, um dann bei dessen Auswertung noch gegebenenfalls Verbesserungsmöglichkeiten anzugeben. Zu diesem Vorgehen zwang auch die geringe zur Verfügung stehende Rohstoffmenge, die teilweise schon für die langwierigen Vorversuche geopfert werden mußte, um überhaupt zu brauchbaren Maschineneinstellungen zu gelangen. Diese und die mit ihnen erhaltenen Werte können aber nicht als die für den Großbetrieb endgültigen angesehen werden, sondern bilden nur die Grundlage für weitere Erkenntnisse. Von den Aufzeichnungen über die Vorversuche selbst sei im folgenden nur das Wichtigste wiedergegeben. Um die Übersichtlichkeit der Arbeit zu fördern, wurden sämtliche unter gleichen Gesichtspunkte erscheinende Zahlenwerte in Zahlentafeln geordnet; die Erklärung der in ihnen enthaltenen Abkürzungen folgt. Demnach bleibt für den Text im allgemeinen nur die Besprechung der Versuche und ihre Auswertung (bzw. der Zahlentafeln). Die Versuche in der Spinnerei wurden durchweg laufend numeriert, wobei Index $a$ das kardierte Gut, Index $b$ das gekämmte Gut bezeichnet. Desgleichen wurden die Spinnpläne laufend numeriert. Die Messung der einzelnen Versuchsgrößen in der Spinnerei wurde vorgenommen wie folgt:

Einnummer ($N_{f_e}$) und Ausnummer ($N_{f_a}$) wie in der Baumwollspinnerei üblich. Da die Fachung (f) bekannt war, konnte aus ihnen der (praktische) Verzug ($V$) bestimmt werden. Die Drehung auf 1 cm ($t_{cm}$) wurde theoretisch nach dem jeweiligen Drahtwechsel errechnet, die Drahtzahl ($b$) nach der Formel:

$$b = \frac{t}{\sqrt{N}}.$$

Die minutliche Lieferung in m ($l$) wurde aus der minutlichen Umdrehungszahl des Auszylinders und seinem Durchmesser errechnet.

Die minutliche Spindeldrehzahl ($n_s$) wurde praktisch an der Spindel gemessen. Für diese Messungen wurde der »Hasler«-Universal-Hand-tourenzähler von Hahn & Kolb (Stuttgart) verwendet. Zur Messung der relativen Luftfeuchtigkeit in % ($F$) und Temperatur in °C ($T$) wurden mit Thermometer ausgestattete Haarhygrometer verwendet, deren Übereinstimmung mit einem Normalinstrument öfters nach-gesehen wurde. Die Bestimmung des Wasserdampfgehaltes in g/m³ ($W_L$) aus vorstehenden Größen wurde mittels einer Zahlentafel von Lambrecht vorgenommen, die Bestimmung des Wassergehaltes des von der Maschine kommenden Gutes in % ($W_G$) erfolgte im Ver-suchsraum der Mechanischen Baumwoll-Spinnerei und Weberei, wohin das Gut in luftdicht schließenden Blechkübeln geliefert wurde, mittels eines elektrischen Lufttrockenapparates (Modell »Standard«) der Firma Henry Baer & Co., Zürich. Alle Wägungen (sofern sie nicht Nummern-bestimmung waren) wurden im Betriebe selbst mittels einer Bizerba-waage (Balingen-Württemberg) mit Neigungsgewichteinrichtung voll-zogen. Zur Bestimmung des Gewichtes einer Ablieferung in g ($G_{Li}$) wurde der Mittelwert des Gewichtes von mindestens 10 Ablieferungen genommen. Die Abfallbestimmung in % ($A$) stellt die Summe aller Abfälle des Gutes auf einer Maschine dar und ihre Bestimmung er-streckte sich über den gesamten Durchgang des Gutes auf der betreffenden Maschine. Die Zahl der Ablieferungen ($Z_{Li}$) war ohne weiteres zu ermitteln. In der Zeit zur Herstellung einer Ablieferung in min ($t_{Li}$) sind die Stillstandzeiten nicht inbegriffen. Gemessen wurden sämtliche Zeiten mittels Stoppuhr. Die Erzeugung in kg/h ($E$) stellt die praktische dar und wurde errechnet nach der Formel:

$$E = \frac{G_{Li} \cdot Z_{Li} \cdot 60}{t_{Li}} \cdot \eta,$$

wobei der Wirkungsgrad $\eta$ den für den Großbetrieb voraussichtlich geltenden darstellen soll und auf Schätzung beruht. Die Risse des Ausgutes je Maschine und Abzug ($R$) wurden von den Arbeiterinnen bzw. Meistern mittels Kreidestrichen gezeichnet. Daraus wurden dann errechnet die Risse je eine Ablieferung und Abzug ($R_{Li}$); hieraus wieder-um die Risse je km ($R_{km}$) nach der Formel:

$$R_{km} = \frac{R_{Li} \cdot 1000}{2 \cdot N_{f_a} \cdot G_{Li}}.$$

Die Größe »km je Riß« ($km_R$) stellt lediglich den reziproken Wert von ($R_{km}$) dar. Die Ungleichmäßigkeit des Ausgutes ($U_{max}$) für Vorwerk und Vorspinnerei wurden wie in der Baumwollspinnerei üblich ermittelt, wobei für Wickel und die Bänder von Bandmaschine und Kehrstrecke die Gewichte von je 1 m (10 mal), für Karden, Streckenbänder und Lunten die Gewichte von je 10 m (10 mal) herangezogen wurden.

Die Ungleichmäßigkeiten für das Ausgut der Spinnmaschinen (Garne) werden unter Garnuntersuchung gebracht. Ferner wurden in die Zahlentafeln noch aufgenommen: die Angabe des Streckwerkes (*St*), das im Vorwerk und in der Vorspinnerei nur die Anzahl der Verzugszylinder betrifft, in der Spinnerei selbst auch noch die Baufirma (*D* 4 = 4-Zyl.-Hochverzugsstreckwerk der Deutschen Werke Ingolstadt; *H* u. *B* 3 = 3-Zyl.-Howard u. Bullough; Emag 3 = 3-Zyl.-Elsässische Maschinenbau-A.-G.); die Läufernummer (*LN*) bei den Ringspinnmaschinen und die Spindel-Neigung (*SpN*) bei den Selbstspinnern, wovon letztere mittels Lot und Winkel gemessen wurde.

Alle Maschineneinstellungen wurden genauestens mittels entsprechender Meßvorrichtungen ermittelt und im Text gebracht. So auch die Streckwerkseinstellungen, wobei die Zylinder der Spinnmaschine — von der Ablieferung zur Zuführung gesehen — laufend mit römischen Ziffern (I, II, III, IV) bezeichnet wurden. Angegeben wurden hier die Riffelzylinderdurchmesser und ihre Mittenabstände in mm, die Zylinderbelastungen in kg und gegebenenfalls noch die Zwischenverzüge.

### b) Ermittlungen am Rohgut.

Diese erstreckten sich auf folgende Punkte:

1. Verpackung,
2. Raumeinheitsgewicht und Ausdehnungszahl,
3. Äußeres,
4. Stapeldiagramm,
5. Wassergehalt und Wasseraufnahmefähigkeit.

### 1. Verpackung.

Die Anlieferung des Rohstoffes erfolgte in würfelförmigen, mit Rupfen bezogenen und Bandeisen bespannten Ballen. Die Verpackung, bezogen auf das Bruttogewicht des Ballens, wurde ermittelt zu **4,0%**.

### 2. Raumeinheitsgewicht und Ausdehnungszahl.

Das Raumeinheitsgewicht des Rohgutes (bei $F = 12\%$) im Ballen (vor dem Öffnen) ergab sich aus Balleninhalt = 0,78 m³ und Ballennettogewicht = 125,35 kg zu **161 kg/m³**. Der Rauminhalt.des Ballens nach dem Öffnen (Flocken wurden von Hand leicht aufgelockert!) wurde mittels einer vom Verfasser gebauten Vorrichtung ermittelt zu 1,5 m³, was einem Raumeinheitsgewicht von **83,5 kg/m³** entspricht. Die genannte Vorrichtung bestand aus einer großen Kiste, deren Bodenfläche (innen) genau 1 m² betrug und deren leichter Deckel parallel zum Boden verschiebbar angeordnet war. Der Rauminhalt konnte an einer Skala direkt abgelesen werden. Durch Division des jeweiligen Rauminhaltes vor und nach dem Öffnen erhielt man die sog. Ausdehnungszahl zu 1,93. Oder aufgerundet Ausdehnungszahl = **2**.

### 3. Äußeres.

Die Fasermasse bestand aus gelblichen, sich weich anfühlenden Flocken von sehr mattem Glanz. Eine gute Kräuselung der Einzelfasern war deutlich wahrnehmbar. Obwohl die Flocken eine vollständige Reinheit zeigten, enthielten sie eine beträchtliche Menge der besprochenen, sich während der Verarbeitung unangenehm bemerkbar machenden Faserbändchen, deren Gewichtsanteil durch Aussuchen zu **44,3%** festgestellt wurde (vgl. Nachtrag).

### 4. Stapeldiagramm.

Im allgemeinen wird auf das später folgende Kapitel »Stapelschaubilder« (S. 64) verwiesen, in welchem sich auch das Stapelschaubild für Rohgut befindet. Aus ihm ist zu ersehen, daß die Kurve nicht den zu erwartenden günstigen Verlauf zeigt, was auf die Wirkung des Reißwolfes bei der Herstellung zurückgeführt werden muß (siehe unter Herstellung S. 9). Die größte Faserlänge belief sich auf **44 mm.** Der Mittelwert (aus 10 Versuchen) der längsten Fasern betrug nach Messungen mit dem Stapelschneider von Dr. Kuhn **38,13 mm.** Der mittlere Stapel (erhalten durch Planimetrieren der Diagrammfläche und Division mit der Basis) betrug **27,1 mm.**

### 5. Wassergehalt und Wasseraufnahmefähigkeit.

Der Wassergehalt des Sniafilrohstoffes beim Öffnen der Ballen wurde ermittelt zu rund **12%**. Wie auch aus den Zahlentafeln 6 und 7 hervorgeht, war er während seiner Verarbeitung beträchtlichen Schwankungen unterworfen, die jedenfalls mit der augenblicklich herrschenden relativen Feuchtigkeit der Luft, ihrer Temperatur und Strömungsgeschwindigkeit in Beziehung zu setzen sind, obwohl anderseits eine gesetzmäßige Beziehung zwischen diesen Größen nicht gefunden werden konnte, was nach zwei von Adolf Rosenzweig aufgestellten Gesetzen erklärlich sein dürfte (20):

Erstes Gesetz: Die Textilien streben einen der relativen Luftfeuchtigkeit vollkommen proportionalen Wassergehalt an.

Zweites Gesetz: Die Textilien vermögen der relativen Luftfeuchtigkeit nur äußerst langsam zu folgen und erreichen das angestrebte Gleichgewicht nur in jenen seltenen Fällen, wenn die konstanten Veränderungen der Luftfeuchtigkeit, über die täglichen Schwankungen hinaus, monatelang dieselbe Richtung einhalten.

Daß die Temperatur der Raumluft in bezug auf den Wassergehalt von Textilien einen untergeordneten Einfluß besitzt, wird auch bestätigt von Dr.-Ing. H. Sommer (21).

Aus den von Prof. Ernst Müller in Dresden seinerzeit durchgeführten Untersuchungen mit verschiedenen Faserstoffen — allerdings nicht mit

Stapelfaser (Kunstseide) — ist ebenfalls zu entnehmen, daß die Beziehungen zwischen Feuchtigkeitsgehalt eines Faserstoffes und der jeweiligen Luftfeuchtigkeit sehr verwickelte sind (1).

Jedenfalls aber ist erwiesen, daß die Hygroskopizität (Neigung, Wasser aufzunehmen) der Viskosestapelfaser (Sniafil) größer ist als die der Baumwolle, was auch schon aus dem Wassergehalt beider — amerikanische Baumwolle 7,1 ÷ 7,5 % bei 60 % relativer Luftfeuchtigkeit (21) — und den Quellungserscheinungen bei Viskose hervorgeht. Jedoch zeigt die Viskose (Kunstseide) je nach ihrer Herstellungsart in ihrer Wasseraufnahmefähigkeit kleine Unterschiede (22).

Das Sniafilrohgut erreichte durch kräftiges Tauchen in kaltem Wasser (ungefähr 3 min), wonach man gründlich abtropfen ließ, maximal das ungefähr 5,7fache seines Trockengewichtes, wobei ein Teil des Wassers unter Quellungserscheinungen in die Faser gegangen war, der andere dagegen die Fasern nur äußerlich genetzt hatte. Zur Erlangung seines ursprünglichen luftfeuchten Gewichtes mußte das Rohgut 180 Stunden in einem Raum von ungefähr 18° C und ungefähr 60 % Feuchtigkeit gelagert werden. Baumwolle nimmt Wasser viel schwerer an und zeigt als Pflanzenfaser ein grundverschiedenes Verhalten in der Art seiner Wasseraufnahmefähigkeit. Aus diesem Grunde sei von einem direkten Vergleich der maximalen Wasseraufnahmefähigkeit beider hier abgesehen.

Die gegenüber Baumwolle größere Wasseraufnahmefähigkeit der Viskosestapelfaser ist insofern von Wichtigkeit, als auch der jeweilige Wassergehalt damit größeren Schwankungen unterworfen ist, die einerseits Änderungen der technologischen Eigenschaften der Faser (Festigkeit), anderseits Änderungen des Gewichts hervorrufen, die beide zu Ungleichheiten in der Herstellung (Nummernschwankungen) Anlaß geben.

### c) Reißmaschine.
### (Versuch 2, Zahlentafel 6.)

Vorversuche: Weil der Rohstoff keine Unreinigkeiten wie Baumwolle enthielt, wurde zuerst versucht, mit einem Aufleger direkt die Karde zu speisen. Jedoch scheiterten diese Versuche an der ungenügenden Auflösung des Sniafilrohgutes (Faserbändchen!), die große Abfallmengen und ein wolkiges Vließ verursachte. Desgleichen blieb der Versuch, direkt mit einem »Auflegerschläger« (Kastenspeiser mit angebautem Schläger und Wickelwerk) zu arbeiten, ohne Erfolg, weil einerseits das gegenüber Baumwolle infolge der schlechten Auflösung bedeutend größere Raumeinheitsgewicht (83,5 kg/m³) und Vorkommen von Faserbatzen eine ungleichmäßige Lieferung und schlechte Wickelbildung bewirkte und anderseits die Auflösung des Gutes durch die Schlagschienen des Flügels eine durchaus ungenügende war; es wurden nur große Rostabfälle, bestehend aus Faserbändchen, erzeugt. Bald wurde erkannt, daß das Gut dem Wickelwerk (bzw. dem Schläger) in besser aufgelöstem Zustande zugeführt werden muß, und weil der Auflegerschläger nicht umgebaut werden konnte, wurde zur Vorauflösung des Sniafilrohgutes auf einer bestehenden, dafür geeignet erscheinenden Maschine gegriffen.

Maschine: Reißmaschine (zum Öffnen der reinen Abfälle von Krempeln, Strecken, Spulern) von Brooks & Doxey vom Jahre 1901, bestehend aus: Zuführlattentuch, Klaviermulden-Speisevorrichtung, mit runden, spitz zulaufenden Stahlstiften dicht besetzte Reißtrommel (Breite = 540 mm; Durchmesser = 980 mm; $n = 800$), Siebtrommel, Abführlattentuch. Genaue Beschreibung nebst Abbildung siehe (5).

Einstellung: Um die Fasern zu schonen, wurde mit der einstellbaren Trommel möglichst vom Klemmpunkt der Fasern weggefahren (Entfernung Löffelende ÷ Spitzen der Stahlstifte = 6 mm). Im übrigen wurde an der Maschine nichts geändert.

Durchführung der Versuche: Zur Erzielung einer gleichmäßigen, guten Auflösung war es wichtig, nicht zu stark auszulegen. Auch kann bei allzu starker Auflage Wickeln der Reißtrommel eintreten. Zu dünne Auflage war auch ungünstig, da die Flocken nicht mehr als zusammenhängende Watte abgeliefert, sondern durch den von der Reißtrommel erzeugten Wind ausgeblasen wurden. Bei richtiger Auflage ergab sich eine stündliche Lieferung von $E = 60$ kg/h. Störungen während der Verarbeitung traten nicht ein, so daß der Wirkungsgrad der Maschine $\eta = 100\%$ gesetzt werden konnte. Es wurde ein fast gänzliches Verschwinden der Faserbändchen und eine gute Auflockerung des Rohgutes erzielt, wobei seine Ausdehnungszahl von 2 (vor der Maschine) auf 8,4 (nach der Maschine) stieg, was einem Raumeinheitsgewicht von 19,2 kg/m³ entspricht. Der Abfall (bzw. der Gewichtsverlust) wurde aus der Differenz des Ein- und Ausgewichtes erhalten zu 0,924% (bezogen auf das Eingewicht) und ist in der Hauptsache auf die Verminderung des Wassergehaltes des Gutes durch trockenen Luftzug ($F = 45\%$) zurückzuführen. Die übrigen Versuchsergebnisse siehe Zahlentafel 6.

Auswertung der Versuche: So gut auch die Auflösung bewerkstelligt wurde, muß doch hier auf einige Schäden hingewiesen werden. Wie aus dem Kapitel »Stapeldiagramme« zu entnehmen ist, wurde der Stapel beim Auflösungsvorgang beträchtlich verkürzt. Aus diesem Grunde dürfte es gut sein, einerseits die (minutliche) Umdrehungszahl der Reißtrommel auf die Hälfte herabzusetzen, wobei dann allerdings (bei gleich starker Auflage) die Erzeugung auch auf die Hälfte sinkt, andererseits die Entfernung von Faserklemmpunkt bis Nadelspitze noch mehr zu vergrößern. Auch wäre zur Erzielung einer gleichmäßigen Vorlage eine Zuführung mittels Kegelregler von Vorteil. Trotz aller dieser möglichen Änderungen ist jedoch die Reißmaschine nicht die gegebene, und eine passende Auflösungsmaschine, welche die Faser mehr schonen würde, müßte noch gefunden werden. Hingewiesen sei hier noch auf eine zum D.R.P. angemeldete Zerfaserungsvorrichtung von Rudolf Setzer, München-Trudering, welche mit 2 exzentrisch gelagerten Nadeltrommeln arbeitet und bei geringer Umfangsgeschwindigkeit (8—10 m/s) eine große Produktion (150 kg/h) ermöglichen soll. Besonders geschont sollen hier auch die Fasern durch den Umstand werden, daß die Nadeln nicht wie bei der Reißmaschine, ähnlich einem Kamm, fast gleichzeitig in ganzer Länge in den Faserbart einbrechen, sondern nur mit ihren Spitzen ungefähr parallel den Fasern in ihn einstechen.

### d) Auflegerschläger.
### (Versuch 3, Zahlentafel 6.)

Vorversuche: Wie schon unter »Reißmaschine« erwähnt, waren die Vorversuche, das Rohgut direkt mittels Auflegeapparat und Schläger zu einem brauchbaren Wickel zu formen, ohne Erfolg. Aus diesem Grunde wurde das erst vorher auf der Reißmaschine aufgelöste Rohgut zur Wickelbildung verwendet. Im übrigen erstreckten sich die Vorversuche nur auf die genaue Einstellung der Maschine.

Maschine: »Auflegerschläger«, sich zusammensetzend aus einem Selbstaufleger (Kastenspeiser) von Lord-Brothers Todmorden (incorp. in Brooks & Doxey 1920) und einer angebauten Schlagmaschine, ebenfalls von Lord-Brothers (1897). Der Kastenspeiser, bestehend aus horizontal laufendem Lattentuch, schräg ansteigendem Stiftenlattentuch, 4 Abstreifwalzen und die Schlagmaschine, bestehend aus Zuführlattentuch, Muldenzuführung mit Kegelregler, zweiarmigem Schlagflügel, 2 Siebtrommeln und Wickelwerk (2 Glättwalzen), waren beide von üblicher Ausführung. Die genaue Kenntnis der Maschinen wird vorausgesetzt und im übrigen auf die Literatur verwiesen (5).

Einstellung: Unverändert gegenüber der Baumwollverarbeitung blieben folgende Einstellungen: Entfernung zwischen Klemmstelle am Muldenschnabel und Schlagkreis = 20 mm, Klemmstelle bis Kammstifte (Rost nach Schällibaum) = 80 mm, Klemmstelle bis zum ersten Roststab = 140 mm (gemessen längs der Faserbewegung). Entfernung zwischen Schlagkreis und erstem Roststab = 15,5 mm, Entfernung zwischen Schlagkreis und letztem Roststab = 12,5 mm. Die Drehzahl des Ventilators wurde ebenfalls zu $n_v = 1070$ beibehalten. Die Umfangsgeschwindigkeit des Zuführzylinders an der Mulde betrug rund 1,5 m/min, die des Lieferzylinders 9,55 m/min. Der Verzug zwischen Siebtrommeln und Lieferzylinder wurde ermittelt zu 1,18.

Geändert wurden folgende Einstellungen: Die Geschwindigkeit des Spitzenlattentuches wurde von 62 m/min auf 50 m/min ermäßigt. Der freie Abstand der Abstreifwalze vom Spitzenlattentuch mußte von 22 mm (bei Baumwolle) auf 32 mm erhöht werden infolge der gegenüber Baumwolle besseren Auflösung der Sniafilflocken durch die Reißmaschine. (Das errechnete Raumeinheitsgewicht des Ausgutes an der Reißmaschine von 19,2 kg/m³ stimmte praktisch nicht mit dem der in den Aufleger gegebenen Flocken überein, weil letztere zur Beförderung von Hand in Säcke gestopft werden mußten und so verdichtet wurden.) Zur Schonung der Fasermasse wurde die minutliche Drehzahl des Schlagflügels von 1190 auf ungefähr die Hälfte = 660 erniedrigt. Zur besseren Wickelbildung wurden folgende Maßnahmen ergriffen:

1. Anlegen zweier Lederstreifen mit gegenseitig versetzten Aussparungen an die Siebtrommeln, um die Innenflächen der oberen und unteren Vließschicht zu wellen und ihr besseres Zusammenhalten zu bewirken.

2. Teilweise seitliches Abdecken der unteren Siebtrommel durch Bleche, um so die Saugkraft der oberen Siebtrommel zu erhöhen und Vließschichten gleicher Stärke zu erzielen. (Nach dem Schläger sind die Sniaflocken gegenüber Baumwolle wieder spezifisch schwerer, weil der halb so schnell laufende Schlagflügel keine so gute Auflösung bewirkt!)

3. Herausschieben der Glättwalzengewichte bis zum Ende des Hebelarmes und Erhöhung ihres Gewichtes von 20 auf 32 kg zur Erzielung einer besseren Pressung. (Von Dobson & Barlow wird der Vorschlag gemacht, ein Doppellaufen der Watte durch Einlautenlassen von Vorgarn zu verhindern.)

Durchführung der Versuche: Das voraufgelöste Gut wurde von Hand in den Kastenspeiser gegeben, der einwandfrei arbeitete. Dabei mußte darauf geachtet werden, die Höhe der Flocken im Kasten möglichst gleich zu halten. Die ausprobierte und eben angeführte Einstellung der Maschine, besonders die Maßnahmen zur besseren Wickelbildung, bewährten sich ausgezeichnet. Die Ausnummer wurde eingestellt auf $N_{f_a} = 0,00163$, was einem Metergewicht von 307 g entspricht. Um die später auftretenden verhältnismäßig großen Nummernschwankungen teilweise rechtfertigen zu können, muß hier gesagt werden, daß sich die Einregelung des Auflegerschlägers (und später des Ausschlägers) noch in die eigentliche Versuchsaufnahme erstrecken mußte (geringe Rohstoffmenge!). Aus der Liefergeschwindigkeit $l = 9,55$ m/min und der Zeit für eine Ablieferung $t_{Li} = 3^{28}$ min bestimmt sich die Wickellänge zu 33,1 m, aus ihr und der Ausnummer das Wickelgewicht $G_{Li} = 10155$ g. Um die Abwickelwalze leichter aus dem fertigen Wickel ziehen zu können, wurden vorher Stahlblechrohre auf die Walze aufgeschoben. Diese Maßnahme wird bei Stapelfaserverarbeitung neuerdings auch in England vorgeschlagen (24). Die Erzeugung $E = 170$ kg/h entspricht der bei Baumwolle und ist dabei ein $\eta = 97\%$ zugrunde gelegt. Die Abfälle $A = 1,622\%$ setzten sich zusammen aus:

0,307% Rostabfall (schwere Faserbändchen),
0,135% Kanalabfall (leichtere Faserbändchen),
1,181% Gewichtsverlust (Feuchtigkeitsverlust und Faserstaub)
_____
1,623%.

Die Ungleichmäßigkeit durch Abwiegen von Meterproben ergab 6,3%. Zur Erzielung einer guten Gleichmäßigkeit ist ein einwandfreies Arbeiten des Kegelreglers Grundbedingung. (Klaviermuldenspeisung-System J. J. Rieter, keine ausgeleierten Bolzen, keine zu breiten Riemengabeln!) Die übrigen Versuchsergebnisse siehe Zahlentafel 6.

Auswertung der Versuche: Die in den Versuchen erhaltenen Rost- und Kanalabfälle können wiederum der Vorauflösungsmaschine vorgelegt werden. Die Einhaltung einer gewissen Saalmindesttemperatur (18° C) ist insofern von Wichtigkeit, als andernfalls die Vließschichten an den Walzen kleben bleiben würden. Der Wassergehalt des Gutes soll nicht zu hoch und möglichst gleichbleibend gehalten werden, weil seine Schwankungen auch Nummernschwankungen (wie besprochen) hervorrufen. — Wenn auch bei den Versuchen gute Ergebnisse erzielt wurden, so kommt man doch nach gründlicher Überlegung zu dem Schluß, daß die erstrebte Faserschonung auf der Schlagmaschine noch vergrößert werden kann (siehe unter Stapelschaubilder S. 64). Weil das Rohgut keine Unreinigkeiten wie die Baumwolle enthält, die durch Schlagen abgesondert werden müßten, sondern nur weiter aufgelöst und in kleinere Flocken zerlegt werden soll, sind scharfkantige Schlagschienen und Roste zu vermeiden und dafür eine stumpfe Schlag(nasen)trommel und Roste mit verkehrten Stäben mit der Abstreichkante gegen die Siebtrommeln gerichtet bzw. gelochte Bleche zu verwenden. In diesem Fall haben die Roste nur den Zweck der Luftzuführung. Eine geringe Umlaufzahl der Schlagtrommel wäre zweckmäßig, und um infolgedessen Faseranhäufungen vor den Siebtrommeln zu vermeiden ein horizontaler Verlauf (kein ansteigender) des Bleches zwischen diesen und der Schlagtrommel erwünscht. Der Ersatz der Roste durch gelochte Bleche hat noch den Vorteil, daß Faserverluste vermieden werden, jedoch den Nachteil, daß der Luftzug schlechter wird. Die Verwendung eines sog. Kardierflügels (von Kirschner) statt der Schlagtrommel mag dann vorteilhaft sein, wenn einerseits die Vorauflösung nicht genügend war, andererseits die Schlagmaschine mit so geringer Produktion arbeitet, daß eine Faserschädigung nicht bewirkt werden kann, wobei dann allerdings die Gefahr einer unwirtschaftlichen Erzeugung (Produktion) besteht. Nach Ansicht des Verfassers ist es für eine gute Auflösung auch vorteilhaft, die Produktion der Maschine von 170 kg/h auf 120 kg/h

Siebtrommeln

Windflügel

Schlagtrommel

Schlägerwalze

Auflegetisch für 4 Wickel und für loses Gut

Kegelregler

Abstreichlattentuch

Geneigtes Spitzen Lattentuch

Schwingbrett

Unteres Lattentuch

Schläger walze

Abstreichlattentuch

Schwingbrett

Unteres Lattentuch

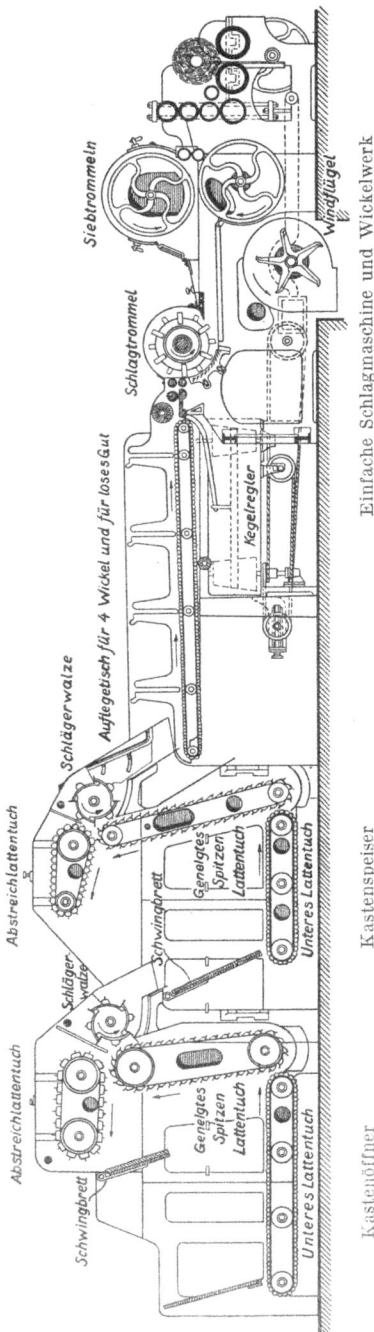

Einfache Schlagmaschine und Wickelwerk

Kastenspeiser

Kastenöffner

Abb. 12. Maschinensatz zum Öffnen und zur Wickelbildung von Stapelfasern.

herabzuschrauben. Um die Beförderung der Sniaflocken von der Vorauflösungsmaschine (Reißmaschine) zum Öffner oder Auflegerschläger zu sparen und eine gleichmäßige Zuführung des Gutes zu gewährleisten, ist es wohl für die Verarbeitung im großen zweckmäßiger, mit der gewählten Vorauflösungsmaschine (bzw. mehreren parallel geschalteten) direkt den Kastenspeiser zu beliefern. Dies könnte auch über einen Stock (Mischgefach), ähnlich wie bei Baumwolle, geschehen, um die Faser ausruhen zu lassen und einen gleichmäßigen Feuchtigkeitsgehalt herbeizuführen.

Es sei noch kurz auf einige Maschinenzusammenstellungen, wie sie von englischen Firmen für Stapelfaserverarbeitung gebaut werden, hingewiesen: Platt Brothers & Co. Limited in Oldham bauen als Aggregat (Abb. 12) einen Patent-Kastenöffner, einen selbsttätigen Kastenspeiser und eine einfache Schlagmaschine mit Schlagtrommel und Wickelwerk. Das Speiselattentuch vor der Nasentrommel gestattet, die auf der Schlagmaschine gefertigten Wickel nochmals mit einer Fachung von vier aufzulegen (25). — Die Firma Dobson & Barlow Limited in Bolton ist der Meinung, daß die passendste Maschine für das Öffnen und zur Wickelbildung der Kastenspeiser (Aufleger), verbunden mit einer einfachen Schlagmaschine ist, wobei das Speiselattentuch eine gleichzeitige Auflage von 4 schon erhaltenen Wickeln (wie oben) erlaubt (24). Die Beschreibung der genaueren Ausführungsform der Maschinen bei beiden Firmen (Schlagzylinder, Roste aus gelochtem Stahlblech usw.) bestätigen die Erkenntnisse und Vorschläge des Verfassers. Nach seiner Ansicht bieten aber beide Ausführungsformen nicht die für die Verarbeitung der Stapelfaser Sniafil notwendige Auflösungsmöglichkeit, sondern ein dafür brauchbarer Maschinensatz müßte bestehen aus: Vorauflösungsmaschine, 2 hintereinander geschalteten Kastenspeisern und einer einfachen Schlagmaschine (Öffner) mit Wickelwerk in vorgeschlagener Ausführungsform. Die Auflösung des Gutes v o r dem Schläger vorzunehmen, ist erstrebenswert aus folgenden Gründen:

1. Durch die Vorauflösung wird die Homogenität des Rohstoffes in bezug auf das Gewicht eine größere, wodurch eine gleichmäßigere Zuführung und geringere Nummernschwankungen erreicht werden. (Ein zweiter Schlägerdurchgang kann vielleicht gespart werden, besonders bei Vorschaltung zweier Kastenspeiser.)

2. Die Produktion der eigentlichen Schlagmaschine braucht im Hinblick auf die Faserschonung nicht mehr so weit herabgesetzt werden wie es der Fall wäre beim unaufgelösten Gut. (Mehrere Auflösungsmaschinen können parallel geschaltet e i n e Schlagmaschine versorgen!)

### e) Ausschläger.
(Versuch 4, Zahlentafel 6.)

V o r v e r s u c h e : Diese erstreckten sich lediglich auf Maßnahmen zur Bildung guter und gleichmäßiger Wickel und auf die Einstellung der Maschine an und für sich.

M a s c h i n e : »Ausschläger« (Ausbatteur) von der Elsässischen Maschinenbau A.-G. (1897), bestehend aus: Speiselattentuch für gleichzeitige Auflage von 4 Wickeln, Muldenzuführung mit Kegelregler, dreischienigem Flügel, üblicher Rostanordnung, 2 Siebtrommeln und Wickelwerk (4 Glättwalzen).

E i n s t e l l u n g : Unverändert gegenüber der Baumwollverarbeitung blieben folgende Einstellungen: Entfernung zwischen Klemmstelle am Muldenschnabel und Schlagkreis = 28 mm, Klemmstelle bis zum ersten Roststab = 85 mm, Entfernung zwischen Schlagkreis und erstem Roststab = 15,5 mm, Entfernung zwischen Sehlagkreis und letztem Roststab = 29 mm. Die Umfangsgeschwindigkeit des Zuführzylinders an der Mulde betrug 2,62 m/min, die des Lieferzylinders 9,05 m/min.

Geändert wurden folgende Einstellungen: Zur Schonung des Gutes wurde die minutliche Drehzahl des Flügels von 1043 auf 536 erniedrigt und gleichzeitig wurden die scharfen Kanten der Schlagschienen durch Lederüberzüge unschädlich gemacht. Die minutliche Drehzahl des Ventilators mußte von 1280 auf 1380 erhöht werden. Zur besseren Wickelbildung wurden die unter »Auflegerschläger« beschriebenen Maßnahmen durchgeführt.

D u r c h f ü h r u n g d e r V e r s u c h e : Ehe näher auf Einzelheiten eingegangen werden soll, muß betont werden, daß der Durchgang des Gutes auf dem Ausschläger lediglich der Vergleichmäßigung der Wickel diente und nicht wie bei Baumwolle auch noch der Auflösung und Reinigung. Die Wickel wurden 4fach aufgelegt und liefen außen nicht sehr gut, innen besser ab. Dem Ansammeln von Faserbatzen auf dem Kanalrost, bewirkt durch größere Schräge und die größere beförderte Fasermenge, konnte durch Zuführung der Luft unter dem Kanalrost (Öffnen der seitlichen Klappen) abgeholfen werden. Die Ausnummer wurde eingestellt auf $N_{f_a} = 0{,}00141$, was einem Metergewicht von 354 g entspricht. Aus der Liefergeschwindigkeit $l = 9{,}05$ m/min und der Zeit für eine Ablieferung $t_{Li} = 4^{25}$ min bestimmt sich die Wickellänge zu 40 m, aus ihr und der Ausnummer das Wickelgewicht $G_{Li}$ zu 14174 g. Die Erzeugung $E = 187$ kg/h entspricht der bei Baumwolle und ist dabei ein $\eta = 97\%$ zugrunde gelegt. Die Abfälle $A = 0{,}171\%$ setzten sich zusammen aus:

0,053% Rostabfall (Faserbändchen),
0,013% Kanalabfall (Faserbändchen),
0,105% Gewichtsverlust (Feuchtigkeitsverlust und Faserstaub)
0,171%.

Die Ungleichmäßigkeit durch Abwiegen der Meterproben ergab 11%. Der Ausfall der fertigen Wickel war sonst verhältnismäßig gut. Zum besseren Herausziehen der Wickelwalzen dienten wieder Stahlblechhülsen. Die übrigen Versuchsergebnisse siehe Zahlentafel 6.

Auswertung der Versuche: Der Umstand, daß die aufgelegten Wickel in ihren ersten Windungen schlecht abliefen und erst weiter innen besser — das Doppeltlaufen der Watte ist bei Stapelfaserwickeln überhaupt kennzeichnend (24) —, rührte von der sich innen noch genügend auswirkenden Pressung her und führt zur Erkenntnis, daß es vorteilhaft ist, kleinere Wickel bzw. solche von geringerer Länge herzustellen. Die erhaltenen Abfälle sind sehr klein, was ein Zeichen für die gute Auflösung des Gutes ist. Betreff Temperatur der Raumluft, Wassergehalt des Gutes, Ausbildung des Flügels und der Roste gilt das unter »Auflegerschläger« Gesagte. Obwohl der Stapel nicht merklich verkürzt wurde (siehe unter »Stapeldiagramme«), was hauptsächlich auf die stumpfen Schlagschienen (Lederüberzug!) zurückgeführt werden muß, ist nach Ansicht des Verfassers ein zweiter Schlagmaschinendurchgang unnötig, besonders bei einer guten Vorauflösung (Raumeinheitsgewicht ungefähr 20 kg/m³), Vorschaltung zweier Kastenspeiser vor die erste Schlagmaschine und eines einwandfrei sich betätigenden Zuführreglers.

### f) Karde.
(Versuch 5, Zahlentafel 6.)

Vorversuche: Wie schon unter »Reißmaschine« besprochen, blieben die Versuche mittels eines Auflegers (Oswald Liebscher, Chemnitz i. Sa.) die Karde direkt mit Rohgut zu speisen infolge seiner ungenügen-

den Auflösung ohne Erfolg. (Auch bei Erfolg wäre diese Verarbeitungs-
art als unwirtschaftlich zu bezeichnen infolge höherer Anlagekosten,
größeren Raumbedarfes und erforderlicher Mehrbedienung.) Die übrigen
Vorversuche erstreckten sich darauf, eine für Stapelfaserverarbeitung
besonders geeignete Karde aufzufinden — Versuche wurden gemacht
mit 4 verschiedenen Kardensystemen —, die Maschine genau und zweckmäßig einzustellen und durch entsprechende Maßnahmen (siehe unter
»Einstellung der Maschine«) das Vließ zu verbessern.

Maschine: Wanderdeckelkarde der Elsässischen Maschinenbau
A.-G. vom Jahre 1896, in üblicher Ausführungsform, mit 105 entgegen
der Drehrichtung der Trommel laufenden Deckeln und Muldenform für
ägyptische Baumwolle (Länge der Faserführung = 29 mm). Die Wirkungsweise der Karde wird als bekannt vorausgesetzt (5).

Einstellung: Unverändert gegenüber der Baumwollverarbeitung
blieben folgende Einstellungen und Drehzahlen:

Vorreißer $n = 287$; Dmr. $= 244$ mm; $v = 220$ m/min,
Trommel $n = 183$; Dmr. $= 1300$ mm; $v = 746$ m/min,

Zuführtisch $\div$ Vorreißer $= {}^5/_{1000}$ Zoll $= 0{,}127$ mm,
Vorreißer $\div$ Trommel $= {}^7/_{1000}$ Zoll $= 0{,}178$ mm,
Trommel $\div$ Deckel $= {}^{12}/_{1000} \div {}^{10}/_{1000} \div {}^7/_{1000}$ Zoll,
Trommel $\div$ Abnehmer $= {}^5/_{1000}$ Zoll $= 0{,}127$ mm.

Geändert wurden: Infolge der gegenüber Baumwolle schlechter
aufgelösten Flocken (auch Faserbändchen waren noch vorhanden)
mußte, um ein reines Vließ zu erhalten, die Erzeugung der Karde herabgesetzt werden durch Änderung der Zuführ- und Abnehmergeschwindig-
keit auf:

Zuführzylinder $n = 1{,}04$; Dmr. $= 60$ mm; $v = 0{,}196$ m/min,
Abnehmer $n = 7{,}1$; Dmr. $= 650$ mm; $v = 14{,}5$ m/min

Zur Vermeidung eines zu großen Deckelputzabfalles, desser großer
Prozentsatz einerseits auf den langen Stapel, andererseits auf das gegenüber Baumwolle größere Haftungsvermögen in bezug auf die Nadelbeschläge (Garnitur) zurückgeführt wird, wurde die Zeit für einen
Deckelumgang von 39,3 min auf 74,3 min erhöht, was einer Geschwindigkeit von $v = 0{,}053$ m/min entspricht. Die Gewichtsbelastung der
Zuführwalze mußte zur Vermeidung des Herausreißens ganzer unauf-
gelöster Faserbändchen (geringe Reibung, Faser auf Faser!) von 13 kg
auf 26 kg je Seite erhöht werden. Um das Wickeln des Vorreißers zu
vermeiden, was erst nach eingehenden Versuchen gelang, wurde er
6gängig aufgezogen und so durch die schraubenförmige Zusatzbewegung
der Drahtspitzen ein Hängenbleiben der Fasern am Vorreißer verhindert.
Dieser Vorgang wurde durch die dabei auftretende axiale Luftströmung
unterstützt, deren Vorhandensein durch die konisch mit Staub be-

legte Putzwalze bewiesen wurde. Selbstverständlich mußte die aufgezogene Garnitur auch ohne rauhe Stellen (Häkchen) sein. Verwendet wurde ein Sägezahnbeschlag (Spitzenentfernung $= 7$ mm; Zahnhöhe $= 3,5$ mm). Im übrigen wurden Garnituren mit versenktem Knie (Stahldraht blank gehärtet, temperiert, geschliffen) als zweckmäßig befunden:

Trommel: Baumann-Spezialgarnitur Nr. G,

Deckel: Garnitur Nr. 130 (Seitenschliff),

Abnehmer: Garnitur Nr. 130 (Seitenschliff).

Durchführung der Versuche: Die vom Ausschläger (Ausbatteur) gebildeten Wickel wurden auf die in beschriebener Weise eingestellte Karde aufgelegt und liefen gut ab. Die Ausnummer wurde einreguliert auf $N_{fa} = 0,13$. Der praktische Verzug $\left(\dfrac{N_{fa}}{N_{fe}}\right)$ ergab 92,2. Die Erzeugung wurde zu $E = 3,73$ kg/h ermittelt, wobei ein Wirkungsgrad von $\eta = 97\%$ (Stillstandzeiten für Ausstoßen eingerechnet, für Schleifen nicht) zugrunde gelegt wurde. Die Abfälle $A = 4,939\%$ setzten sich zusammen aus:

| | | |
|---|---|---|
| 3,3 % Deckelputz | | (gute Fasern und viele Faserknötchen[1])), |
| 0,244% Trommel  } 0,362% Abnehmer } -Ausstoß | | (gute Fasern und viele Faserknötchen), |
| 0,079% Vorreißer  } 0,22 % Trommel } -Flug | | (kurze Fasern, Faserstaub, abgehackte Faserbändchen), (kurze Fasern, Faserstaub, Faserknötchen), |
| 0,275% Wickel  } 0,412% Band } -Handabfall, | | |
| 0,047% Walzenputz | | (Faserstaub, Faserknötchen) |
| 4,939%. | | |

Im Wassergehalt des Ein- und Ausgutes ($W_G = 9,57\%$) traten keine merklichen Schwankungen ein, so daß auch bei den Abfällen kein Gewichtsverlust zu buchen war. Die Ungleichmäßigkeit durch Abwiegen von je 10 m Kardenband ergab $U_{max} = 20,4\%$. Die übrigen Versuchsergebnisse siehe Zahlentafel 6. Die Karde arbeitete einwandfrei und ergab ein schönes Vließ. Infolge des sich schnell vollsetzenden Nadelbeschlages mußte öfters als bei Baumwolle — jeweils nach 2 Stunden — ausgestoßen werden. Dies ist wiederum mit ein Grund für die stark auftretenden Nummernschwankungen.

---

[1]) Faserknötchen = verfilzte Kurzfasern.

Auswertung der Versuche: Wenn der große Anteil Kurzfasern im Stapeldiagramm (siehe unter Stapelschaubilder S. 64) berücksichtigt wird, stellen die gefundenen Abfallprozente (Summe = 4,939%) trotz des Fehlens von eigentlichen Unreinigkeiten einen sehr brauchbaren Wert dar. Außerdem würden sich die Handabfälle, die hauptsächlich für Nummernproben dienten, bei der Verarbeitung im Großbetrieb noch bedeutend verringern. Auch baut die Firma Platt Brothers eine Patent-

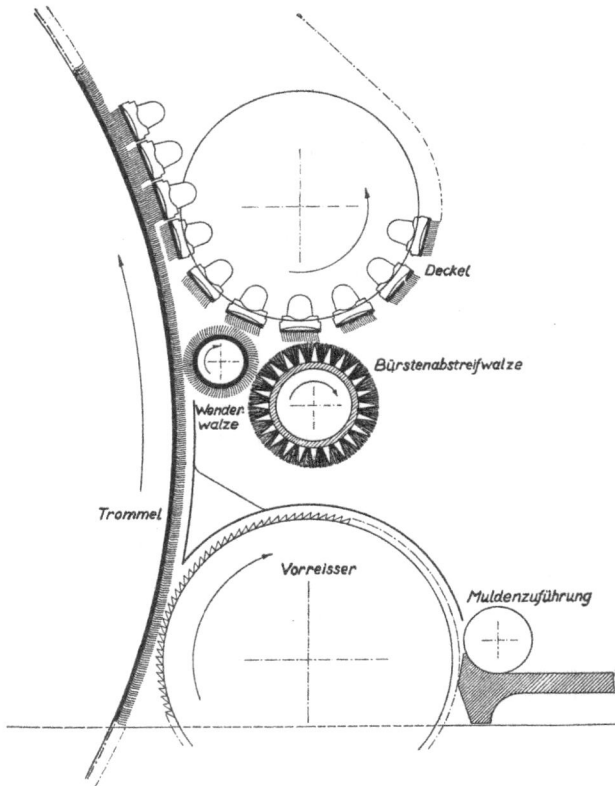

Abb. 13. Patentierte Walzenanordnung zur Rückführung des Deckelputzes.

vorrichtung (Abb. 13), welche den Deckelputz wieder der Trommel zuführt (25). Hier scheint aber die Verwendung dieser Vorrichtung nicht zweckmäßig, weil der Deckelputz auch viele Faserknötchen enthält. Für Herstellung ganz grober Garne mag sie jedoch aus Ersparnisgründen empfehlenswert sein. — Die große Nummernschwankung (20,4%) muß einerseits auf ungleiche Wickel, andererseits auf das häufige Ausstoßen zurückgeführt werden. — Aus dem Stapelschaubild geht hervor, daß die Verkürzung des Stapels durch die Karde selbst beträchtlich ist,

22,14 — 19,6 = 2,54 mm beträgt und noch etwas verringert werden kann. Es seien hier einige Maßnahmen zur Faserschonung auf der Karde empfohlen:

1. Vermeidung einer zu scharfen Muldenkante,
2. Wegfall der Kernfängermesser und Ersatz durch einen Planrost (25),
3. Verminderung der Vorreißerdrehzahl so weit als möglich,
4. Herabsetzung der Produktion auf ungefähr 3 kg/h,
   gleichzeitig der Trommeldrehzahlen auf $n =$ ungefähr 160/Min, und der Abnehmerdrehzahl auf $n =$ » 6/Min.

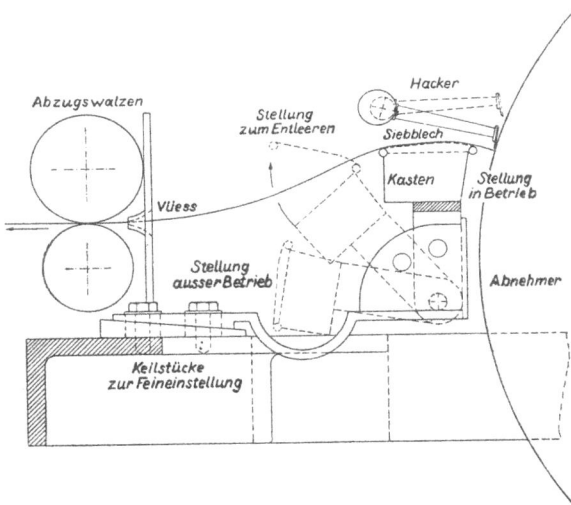

Abb. 14. Vorrichtung zum Reinigen von Krempelvließen.

Die Frage betreffs besonders geeigneter Nadelbeschläge ist noch nicht endgültig geklärt, obwohl der Verfasser solche mit versenktem Knie und etwas steilerem Winkel als sonst üblich, um zu schnelles Anfüllen mit Fasern zu vermeiden, für günstig erachtet. Um einen Teil der noch im Vließ enthaltenen Kurzfasern — hoher Prozentsatz gegenüber Baumwolle (siehe unter Stapelschaubilder S. 64) — und Faserknötchen zu entfernen, die sich in der späteren Verarbeitung besonders unliebsam bemerkbar machen, dient eine vom Verfasser im In- und Ausland zum Patent angemeldete Vorrichtung (Abb. 14), bestehend aus einem Rost, über den das Vließ streicht. Das Vließ erleidet einen bedingten Reibungswiderstand, welcher die Ausscheidung von Kurzfasern und Knötchen bewirkt, die infolge der Schüttelbewegung des Hackers noch an der unteren Seite des Vließes hängen und nicht heruntergefallen sind. In später durchgeführten Versuchen (auch bei Baumwolle) hat sich diese Einrichtung gut bewährt.

Die englischen Maschinenfabriken Dobson & Barlow und Platt'Brothers empfehlen für Stapelfaserverarbeitung ebenfalls eine Wanderdeckelkarde — mit entgegen der Trommel laufenden Deckeln —, welche sich in folgenden Punkten von einer Baumwollkarde unterscheidet (24 u. 25): Wegfall der Kernfängermesser, Anbringung von Planrosten, feine Beschläge (Trommel und Deckel Nr. 120; Abnehmer Nr. 130), geringe Produktion (2¾ kg/h) und geringe Trommelgeschwindigkeit ($n = 160$); patentierte Walzenanordnung (Platt Brothers) um Deckelputz wieder zuzuführen.

### g) ÷ i) Kämmerei.

Das Kämmen hat hier den Zweck, den Stapel durch Entfernen der kurzen Fasern und Faserknötchen zu vergleichmäßigen und zu verbessern und dient nicht auch noch wie bei der Baumwolle zur eigentlichen Reinigung (Entfernung von Nissen, Finnen, Schalenresten).

### g) Bandwickelmaschine.
(Versuch 9 b, Zahlentafel 7.)

Maschine: Bandwickelmaschine von Hetherington vom Jahre 1911, bestehend aus: Zuführung, mechanischer Abstellung (Löffel), 3-Zylinderstreckwerk, 2 Glättwalzenpaare, Wickelwerk.

Einstellung: Gegenüber der Einstellung für Baumwolle wurden nur die Gewichte der Verzugszylinder erhöht, zur besseren Spannung der Bänder (Vermeidung des Abstellens bei lockerem Band!) der Zuführtisch schräger gestellt und die Zylinderentfernungen (Mittenabstände) um 6 mm erhöht. Das Streckwerk war eingestellt wie folgt:

| Zylinder | III | II | I |
|---|---|---|---|
| Durchmesser (mm) | 38 | 38 | 38 |
| Mittenabstände (mm) | 58 | 46 | |
| Belastungen (kg) | 13 · 2[1]) | 16,2 · 2 | 20 · 2 |

Durchführung der Versuche: Die von der Karde kommenden Kannen wurden mit einer Fachung von ($f = 18$) an der Maschine angestellt. Die Ausnummer wurde eingestellt auf $N_{f_a} = 0,0135$, was einem Metergewicht von 37 g entspricht. Der Verzug errechnete sich zu $V = 1,87$. Die Erzeugung wurde zu $E = 62,2$ kg/h ermittelt unter Annahme eines Wirkungsgrades von $\eta = 80\%$. Die Abfälle bestanden lediglich aus Handabfällen $A = 0,66\%$, deren Größe hauptsächlich auf das »Ausresteln« des Eingutes zurückzuführen ist. Die Risse beziehen sich hier nur auf die einlaufenden Bänder und wurden ermittelt

---

[1]) 13 kg je Seite; 13 · 2 kg je Walze.

zu $R_{km} = 5,25$. Die Ungleichmäßigkeit durch Abwiegen von Meterproben (10 mal) ergab $U_{max} = 4,05\%$. Die übrigen Versuchsergebnisse siehe Zahlentafel 6. — Bis auf das etwas häufige Reißen der einlaufenden Bänder und die größere Anzahl schnittiger Stellen im Wickel unterschied sich der Versuch nicht wesentlich von der Baumwollverarbeitung und die erhaltenen Wickel waren zufriedenstellend. Eine Verkürzung des Stapels fand nicht statt.

Auswertung der Versuche: Die eben genannten Störungen und Mängel sind auf die geringe Reibung der Fasern untereinander (Haftung) zurückzuführen. Aus diesem Grunde dürfte eine Maschine mit elektrischer Abstellung, welche keine Spannung der Bänder erforderlich macht, vorzuziehen sein. Es muß auch dafür Sorge getragen werden, daß ein gegenseitiges Berühren der einlaufenden Bänder vor den Zuführwalzen vermieden wird. Ferner empfiehlt der Verfasser zur Erzielung eines besseren Laufens, die Erzeugung der Maschine und damit alle Drehzahlen um 25% herabzusetzen. Die Verringerung der Erzeugung würde dann voraussichtlich durch einen besseren Wirkungsgrad teilweise wieder wettgemacht.

### b) Kehrstrecke.
(Versuch 10 b, Zahlentafel 7.)

Vorversuche: Diese erstreckten sich auf die Auffindung einer für Sniafilverarbeitung geeigneten Maschine, bei welcher infolge einer anderen Ausführung früher auftretende Störungen nicht vorhanden waren.

Maschine: Als geeignet wurde befunden die Kehrstrecke von Hetherington & Sons vom Jahre 1911, bestehend aus: Wickelzuführung, 4-Zylinderstreckwerk, 6 Leitblechen (Kurvenbahnen) aus Messingblech, eisernem Tisch mit 3 Förderwalzenpaaren, 2 Glättwalzenpaaren, Wickelwerk und mechanischer Abstellung bei Bandbruch und vollem Wickel.

Einstellung: Gegenüber der Einstellung für Baumwolle wurden auch hier einerseits die Zylindermittenabstände vergrößert (längerer Stapel!), anderseits die Belastungsgewichte erhöht (geringe Reibung, Faser auf Faser!). Demnach war das Streckwerk eingestellt:

| Zylinder | | IV | | III | | II | | I |
|---|---|---|---|---|---|---|---|---|
| Durchmesser | (mm) | 35 | | 35 | | 35 | | 38 |
| Mittenabstände | (mm) | | 49 | | 47 | | 44,5 | |
| Belastungen | (kg) | $11,15 \cdot 2$ | | $11,15 \cdot 2$ | | $16,6 \cdot 2$ | | $16,6 \cdot 2$ |

Durchführung der Versuche: Die vom Bandwickler gelieferten Wickel ($G_{Li} = 4018$ g) wurden an den 6 Zuführstellen aufgelegt. Die Ausnummer wurde eingestellt auf $N_{f_m} = 0,0148$, was einem Metergewicht von 33,8 g entspricht. Der Verzug war hierbei $V = 6,58$. Die Erzeugung wurde zu $E = 62,9$ kg/h ermittelt unter Annahme eines Wirkungsgrades von $\eta = 90\%$. Die Abfälle betrugen $A = 0,617\%$ und setzten sich zusammen aus:

> 0,614% Handabfälle (Reste und Nummernproben),
> 0,003% Putztuchabfall

> 0,617%.

Risse im Band wurden nicht festgestellt. Die Ungleichmäßigkeit durch Abwiegen von Meterproben (10 mal) ergab $U_{max} = 5,67\%$. Die übrigen Versuchsergebnisse siehe Zahlentafel 7. Die Versuche wurden ohne wesentliche Störung durchgeführt, was vor allem der Glätte der Kurvenbleche (Messing!) und den etwas gehobenen Förderwalzenpaaren (Vermeidung eines Stoßes an den Tischkanten) zu verdanken ist. Die erhaltenen Wickel waren in bezug auf Parallellegung der Fasern einwandfrei. Das anfängliche Stauen und Hängenbleiben des Vließes war auf die Kälte der mit der Faser in Berührung kommenden Metallflächen zurückzuführen und konnte nach Pudern mit Specksteinpulver vermieden werden. Ebenso wurde das Wickeln der Lederzylinder durch ihren Umtausch gegen solche mit glatterer Oberfläche bedeutend verringert.

Auswertung der Versuche: Der erhaltene hohe Abfallprozentsatz ist auf die kleine Versuchsmenge zurückzuführen (Nummernproben und Ausresteln) und würde im Falle einer Verarbeitung im Großbetriebe beträchtlich kleiner ausfallen. Auffallend ist die Verlängerung des Mittelstapels von 20,0 mm auf 22,56 mm (siehe unter Stapelschaubilder S. 64), der wohl auf die teilweise Vernichtung der anfänglich vorhandenen Kräuselung und gegebenenfalls auf Dehnung zurückgeführt werden muß. (Vorübergehende Dehnung ist groß!) Die gegenüber der Baumwollverarbeitung nur hier auftretenden Störungen liegen in den Fasereigenschaften begründet (siehe auch Versuch 9 b): Die geringere Reibung Faser auf Faser und die größere Reibung Faser auf Eisen oder Leder bzw. die größere Affinität zu Wasser (zu den infolge der Kälte mit Feuchtigkeit beschlagenen Metallflächen) verlangen einerseits einen höheren Klemmdruck der Verzugszylinder, anderseits eine besondere Glätte aller mit der Faser in Berührung kommenden Leder- und Eisenzylinder- und Metallflächen. Zur Vermeidung des Beschlagens mit Feuchtigkeit muß auf eine nicht zu hohe relative Feuchtigkeit und gute Saalwärme (besonders vor Anlaufenlassen) Wert gelegt werden. Die Reibungskraft zwischen Vließ- und Eisentisch wird durch die erwähnten, gegenüber dem Tisch gehobenen Förderwalzenpaare verringert, die demnach das Vließ stellenweise vom Tisch abheben.

### i) Kämmaschine.

(Versuch 11 b, Zahlentafel 7.)

Vorversuche: Diese erstreckten sich auf die Auffindung einer geeigneten und gut arbeitenden Maschine. Nach Versuchen mit der einköpfigen Mülhauser Kämmaschine von Gégauff (1897), die in bezug auf Lötung und Produktion nicht zufriedenstellend ausfielen, wurde folgende Maschine als geeignet befunden.

Maschine: 6köpfige Kämmaschine Patent Nasmith von Hetherington & Sons vom Jahre 1909, mit 2 Abwickelwalzen, Führungsblech, Speisewalze, Ober- und Unterzangenplatte, Zylinderkamm (17 Nadelreihen-Benadlung Nr. 22 ÷ 33), Vorstechkamm (Benadlung Nr. 29), Abreißzylinder, Abzugswalzenpaar, (je Kopf) und 4 Zylinder-Streckwerk. Im übrigen wird der Aufbau und die Wirkungsweise der Maschine als bekannt vorausgesetzt (5).

Einstellung: Auch hier wurden (beim Streckwerk) sowohl die Zylindermittenabstände vergrößert als auch die Zylinderbelastungen erhöht. Streckwerk:

| Zylinder | IV | III | II | I |
|---|---|---|---|---|
| Durchmesser (mm) | 35 | 32 | 32 | 35 |
| Mittenabstände (mm) | | 47 | 47 | 44,5 |
| Belastungen (kg) | $7,9 \cdot 2$ | $7,9 \cdot 2$ | $7,9 \cdot 2$ | $7,9 \cdot 2$ |
| Verzüge | | 1,24 | 1,33 | 2,67 } $V = 4,4$ |

Die Anzahl Hübe je Minute betrug 95.

Die Kämme (Zylinderkamm und Vorstechkamm) wurden gegen etwas gröbere ausgetauscht, da, wie die Vorversuche zeigten, sich die feineren Benadlungen zu schnell mit Faserknötchen vollsetzten. Die lackierten beiden oberen Abreißzylinder wurden, um ihrem häufigen Wickeln vorzubeugen, durch unlackierte Lederzylinder ersetzt. Außerdem erstreckte sich die Einstellung noch darauf, durch ein zeitlich gutes Zusammenarbeiten aller bewegten Teile und eine genügende, nicht zu hohe Kämmung ein schönes Vließ zu erhalten.

Durchführung der Versuche: Die von der Kehrstrecke gelieferten Wickel ($G_{Li} = 4351$ g) wurden jeweils auf die beiden hölzernen, geriffelten Abwickelwalzen aufgelegt. Die Ausnummer wurde eingestellt auf $N_{f_a} = 0,127$, was einem Metergewicht von 3,94 g entspricht. Der praktische Verzug $\left( \dfrac{N_{f_a}}{N_{f_e}} \cdot 6 \right)$ errechnete sich zu $V = 51,5$. Der theoretische Verzug aus den Metergeschwindigkeiten der Abwickelwalzen und der Lieferwalze im Kannenstock betrug $V_{th} = 43,8$. Die Erzeugung wurde zu $E = 5,08$ kg/h ermittelt unter Annahme eines Wirkungsgrades von $\eta = 94\%$. Die Abfälle betrugen $A = 16,96\%$ und setzten sich zusammen aus:

> 15,9  % Kämmling,
> 1,048% Handabfälle (auch Meterproben und Reste),
> 0,012% Abfall von der Putzlatte für Abreißzylinder
> _____
> 16,96%.

Der Kämmling bestand größtenteils aus kurzen Fasern und vielen Faserknötchen und sein Anfall war bei gleichzeitigem Erhalt eines schönen Vließes auf ein Mindestmaß eingestellt. Die Risse, bezogen auf die abgelieferte Lunte, betrugen $R_{km} = 1,01$. Die Ungleichmäßigkeit aus Nummernproben (je 10 m; 10 mal) wurde ermittelt zu $U_{max} = 7,1\%$. Vorstechkamm und Kammwalze mußten, um ein sauberes Vließ zu gewährleisten und die Ausscheidung guter Fasern zu verhüten, stündlich gereinigt werden. Dem Wickeln der Abreißzylinder beim Anlaufenlassen der noch kalten Maschine wurde durch Pudern mit Speckstein abgeholfen. Die Veränderungen im Wassergehalt der Luft und des Ausgutes gegenüber dem vorhergehenden Maschinendurchgang waren beträchtlich, konnten aber nicht in Einklang gebracht werden (siehe auch unter Ermittlungen am Rohgut S. 29). Die Maschine selbst arbeitete ausgezeichnet, und das gekämmte Gut war in bezug auf Reinheit und Parallellegung der Fasern einwandfrei. Die Verbesserung des Stapels war zufriedenstellend und die mittlere Faserlänge wurde erhöht von 22,6 mm auf 27,6 (siehe unter Stapelschaubilder S. 64). Die übrigen Versuchsergebnisse siehe Zahlentafel 7.

Auswertung der Versuche: Der erhaltene Abfallprozentsatz $A = 16,96\%$ stellt einen für Stapelfaser hohen Wert dar, dessen Anteil »Handabfälle« bei Verarbeitung im Großbetrieb allerdings noch beträchtlich verkleinert werden könnte. Der Kämmling selbst könnte unter Beibehaltung eines reinen Vließes nur im Falle einer anderen Beschaffenheit des zu kämmenden Gutes niederer gehalten werden, das heißt der Anteil Kurzfasern und Faserknötchen müßte und könnte noch durch weitgehendste Schonung des Stapels auf allen vorhergehenden Maschinen bedeutend verringert werden. Daß diese Auffassung richtig ist, beweist der große Anteil kurzer Fasern in den Stapelschaubildern. Aus denselben Gründen wie bei der Kehrstrecke ist auch hier für ein störungsfreies Arbeiten der Maschine eine nicht zu hohe relative Feuchtigkeit und gute Saalwärme erwünscht. Der gute Wirkungsgrad und die geringe Anzahl Bandrisse lassen erkennen, daß die Kämmaschine (Nasmith) ohne wesentliche Änderungen für Stapelfaserverarbeitung brauchbar ist. Vielleicht wäre nur noch zu empfehlen, zur Schonung der Faser die minutliche Hubzahl etwas herabzusetzen (von 95 auf un-

gefähr 80). »Dobson & Barlow« vertritt die Ansicht, daß die Viskosefaser sich für den Kämmprozeß zu hart erweist, was aber vom Verfasser nach vorstehenden Versuchsergebnissen bestritten werden muß.
Dagegen hat die englische Firma für das Kämmen von Kupferammo-
nium-Stapelfaser ebenfalls die Nasmith-Kämmaschine als besonders
geeignet empfohlen (24). Zum Schluß sei noch darauf hingewiesen, daß
das Kämmen insbesondere zur Herstellung feiner Garnnummern (über
$N_f = 40$) notwendig erscheint, wenn auch anderseits jeder Maschinendurchgang auf die Faser schwächend wirkt und deshalb nach Möglichkeit vermieden werden muß.

## k) Strecken.

(Versuch 6a, 7a, 8a, Zahlentafel 6.)

(Versuch 12b, 13b, 14b, Zahlentafel 7.)

Vorversuche: Diese erstreckten sich auf die Auffindung einer für
den langen Stapel (längste Fasern kardiert = 43 mm, gekämmt = 44 mm)
brauchbaren Maschine und der für die Sniafilverarbeitung notwendigen
Abänderungen und Einstellungen. Jedoch konnten in den Vorversuchen
nicht alle auftretenden Störungen behoben bzw. ihre Ursache aufgeklärt,
sondern mußte dies zum Teil dem eigentlichen Versuch überlassen werden. — Für alle Versuche wurden nur 2 Strecken verwendet,
von denen die Grobstrecke die 1. und 2. Streckung (nacheinander), die
Mittelstrecke die 3. Streckung ausführte. Das Streckwerk der Grobstrecke war aus Platzmangel — die gegenüber der 3. Streckung gröberen
Einnummern und der etwas längere Stapel verlangten weite Zylindereinstellungen — in ein 3-Zylinderstreckwerk umgebaut worden.

Maschinen: 5 köpfige Strecken der Elsässischen Maschinenbau-
A.-G. (Grobstrecke für 6 fache, Mittelstrecke für 8 fache Auflage pro Kopf
eingerichtet) vom Jahre 1897, in üblicher Ausführung (bisher verwendet
für langstapelige Makobaumwolle), mit selbsttätiger elektrischer Abstellung bei Bandriß, umlaufendem Oberwalzen-Putztuch mit Putz-
kamm. Aufbau und Wirkungsweise der Maschine wird als bekannt
vorausgesetzt (5).

Einstellung der Strecken: Um die Reibung und damit das
Stauen des Vließes auf seinen Führungsblechen zu verhindern (bei der
Grobstrecke), wurden diese entfernt. Aus ähnlichen Gründen wurden
rissige Lederzylinder gegen neue glatte ausgetauscht und die mit dem
Gut in Berührung kommenden Metallwalzen (Abzugswalzenpaare), soweit dies erforderlich war, mit Schmirgelleinwand abgezogen. Wiederum
wurden die Zylindermittenabstände vergrößert und die Zylinderbelastungen erhöht (um ungefähr $\frac{1}{3}$ bis $\frac{1}{2}$ gegenüber der Baumwollverarbeitung). Die Einstellung der Streckwerke war wie folgt:

Grobstrecke — 1. u. 2. Streckung, kardiert
(Versuch 6a, 7a)

| Zylinder | | III | | II | | I |
|---|---|---|---|---|---|---|
| Durchmesser | (mm) | 38 | | 32 | | 38 |
| Mittenabstände | (mm) | | 54 | | 45 | |
| Belastungen | (kg) | 18,65 · 2 | | 20 · 2 | | 15,7 · 2 |
| Verzüge | | | 1,76 | | 3,6 } | $V = 6,35$ |

Grobstrecke — 1. u. 2. Streckung, gekämmt
(Versuch 12b, 13b)

| Zylinder | | III | | II | | I | | |
|---|---|---|---|---|---|---|---|---|
| Durchmesser | (mm) | 38 | | 32 | | 38 | | wie Ver- |
| Mittenabstände | (mm) | | 54 | | 45 | | | such |
| Belastungen | (kg) | 18,65 · 2 | | 20 · 2 | | 15,7 · 2 | | 6a u. 7a |
| Verzüge | | | 1,88 | | 3,6 } | $V = 6,8$ | | |

Mittelstrecke — 3. Streckung,
kardiert (Versuch 8a)
gekämmt (Versuch 14b)

| Zylinder | | IV | | III | | II | | I |
|---|---|---|---|---|---|---|---|---|
| Durchmesser | (mm) | 38 | | 38 | | 32 | | 38 |
| Mittenabstände | (mm) | | 49 | | 47 | | 44 | |
| Belastungen | (kg) | 12 · 2 | | 12 · 2 | | 15,4 · 2 | | 13,7 · 2 |
| Verzüge | | | 1,49 | | 2,05 | | 2,75 } | $V = 8,4$ |

Wegen der infolge des langen Stapels notwendigen, großen Zylinderentfernungen wurden, um gleichmäßigere Verzüge zu erzielen, die Drehzahlen der Strecken auf 60% der bei Baumwolle üblichen (auf $n =$ ungefähr 210 für Zyl. I) herabgesetzt.

Durchführung der Versuche: Während der Versuche stellten sich folgende Maßnahmen als zweckmäßig heraus: Zur Reinhaltung der Lederzylinder wurde der Druck auf den Putzdeckel (Putztuch) erhöht. Zur Vermeidung eines zu starken und deshalb sich unregelmäßig auswirkenden Verzuges an den Vließkanten (größerer Weg als in der Mitte!) wurde die Breite des Vließes einerseits durch mehr konisch zulaufende Bandführungen, anderseits durch Einlegen von Einsäumblechen zwischen die Verzugszylinderpaare vermindert (besonders bei einer Fachung von $f = 8$). Um das häufige Stauen der Auslunte im Trichter des Kopftellers zu verhindern, das infolge Nichtmitnahme des Ausbandes durch Reibung an der vorhergehenden Windung oder durch das geringe Eigengewicht der herabhängenden Lunte besonders gerne bei halbvoller Kanne eintrat, wurden in die Kannen Doppelböden mit starker Spiralfeder eingelegt. (Anpressen schon der ersten in die Kanne gelegten Windungen an den Kopfteller.)

Durchgang des kardierten Gutes (nach Spinnplan 1 und 3, Zahlentafel 6): Die von der Karde gelieferten Kannen wurden mit einer Fachung von $f = 6$ an der Grobstrecke angestellt. Zur besseren Vergleichmäßigung des Gutes wurde dreimal gestreckt. Die Verzüge wurden etwas höher als die Fachung gewählt. Die Ausnummer nach der 3. Streckung betrug $N_{f_a} = 0,152$ (siehe Zahlentafel 6). Die Erzeugung wurde zu $E = 24$ kg/h (bzw. 22,7; 22) ermittelt, unter Annahme eines Wirkungsgrades von $\eta = 85\%$. Platt Brothers geben $\eta = 80\%$ an (25). Die Stillstandzeiten ergaben sich hauptsächlich infolge Wickelns der Lederzylinder. Besonders häufig trat dieses Wickeln beim Anlaufen nach längerem Stillstand der Maschinen (Montag früh) infolge geringerer Saalwärme ein. (Abhilfe durch Pudern mit Speckstein.) Die Abfälle für die einzelnen Durchgänge setzten sich zusammen wie folgt:

1. u. 2. Streckung (6a; 7a)
$$\begin{cases} 0,147\% \text{ Handabfall,} \\ \underline{0,013\% \text{ Abfall vom Putztuch und Putzbrett}} \\ 0,160\%. \end{cases}$$

3. Streckung (8a)
$$\begin{cases} 1,04\% \text{ Handabfall (Ausresteln!),} \\ \underline{0,02\% \text{ Abfall vom Putztuch und Putzbrett}} \\ 1,06\%. \end{cases}$$

Die Handabfälle bestanden aus: Walzenwickelabfällen, Meterproben, Resten. Die Risse, bezogen auf das Ausband, wurden nur bei der 3. Strecke gezählt und betrugen $R_{km} = 0,64$. Die Ungleichmäßigkeit aus Nummernproben (je 10 m, 10 mal) wurde ermittelt zu $U_{max} = 6,6\%$ (bzw. 5,62; 2,7). Die übrigen Versuchsergebnisse siehe Zahlentafel 6. Die Schwankungen im Wassergehalt der Luft und des Ausgutes konnten nicht in Beziehung gesetzt werden (Verarbeitung nur mittels eines Streckendurchganges nach Spinnplan 4 und 6, Zahlentafel 8, liegt außerhalb der Versuchsaufnahmen![1]));

Durchgang des gekämmten Gutes (nach Spinnplan 2, Zahlentafel 7): Die Versuchsergebnisse unterschieden sich von denen des kardierten Gutes wesentlich nur in folgenden Punkten: Infolge der gröberen Einnummer der 1. Strecke und der zwecks Herstellung feinerer Garne gewählten höheren Ausnummer der 3. Strecke mußten die Verzüge (gegenüber den Verzügen beim kardierten Gut)

---

[1]) Infolge der gleichbleibenden und schon besprochenen Maschineneinstellungen wurde es als überflüssig erachtet bei der zeitlich später stattfindenden Verarbeitung nach Spinnplan 4 und 6 neue Versuchsaufnahmen bei den einzelnen Maschinendurchgängen zu machen.

verhältnismäßig höher als die Fachungen eingestellt werden. Aus diesem Grund fielen auch die Erzeugungen geringer aus, und zwar $E = 23,4$ kg/h (bzw. 20,65; 19,54). Die Abfälle für die einzelnen Durchgänge wiesen größere Werte auf, weil die Handabfälle infolge der ungefähr halb so großen Versuchsmenge (gegenüber dem kardierten Gut) bedeutend größer ausfielen. Sie setzten sich zusammen wie folgt:

1. Streckung (12b)
$$\left\{ \begin{array}{l} 0,204\% \text{ Handabfall,} \\ \underline{0,018\%} \text{ Abfall von Putztuch und Putzbrett} \\ 0,222\%. \end{array} \right.$$

2. Streckung (13b)
$$\left\{ \begin{array}{l} 0,66\% \text{ Handabfall,} \\ \underline{0.02\%} \text{ Abfall von Putztuch und Putzbrett} \\ 0,68\%. \end{array} \right.$$

3. Streckung (14b)
$$\left\{ \begin{array}{l} 0,4\ \% \text{ Handabfall,} \\ \underline{0,029\%} \text{ Abfall von Putztuch und Putzbrett} \\ 0,429\%. \end{array} \right.$$

Die Bandrisse verringerten sich mit jedem folgenden Streckendurchgang: $R_{km} = 1,15$ (0,76; 0,45). Alle übrigen Versuchsergebnisse siehe Zahlentafel 7. — Stapelschaubilder wurden vom Ausgut der Strecken nicht mehr hergestellt. Bis auf das (gegenüber der Baumwollverarbeitung) häufige Wickeln der Lederzylinder arbeiteten die Strecken gut und lieferten ein in bezug auf gleichmäßige Verteilung und Parallellegung der Fasern schönes Vließ, das sich durch sein wollartiges Aussehen und eine große Anzahl Faserknötchen (beim kardierten Gut) vom Baumwollvließ unterschied. Das Ausband besaß einen schönen, matten Glanz (Verarbeitung nur mittels eines Streckendurchganges nach Spinnplan 5, Zahlentafel 8, liegt außerhalb der Versuchsaufnahmen!).

Auswertung der Versuche: Die erhaltenen Abfallmengen würden im Falle einer Verarbeitung im Großbetrieb durch Verringerung der Handabfälle (Reste) bedeutend kleiner ausfallen. Auch würde ein weniger häufiges Wickeln der Lederzylinder, was eine der Hauptschwierigkeiten bei Stapelfaserverarbeitung bildet, manche Abfälle ersparen. Dieses Wickeln wird zurückgeführt auf die gegenüber Baumwolle geringere Reibung der Fasern gegeneinander, ihre größere Steifigkeit (Abstehen von Faserspitzen), auf die größere Reibung der Fasern auf den Lederzylindern, die besonders durch Niederschlagen von Feuchtigkeit, (auch in ganz geringem Maße), infolge hoher relativer Luftfeuchtigkeit und ihrem Kaltsein beim Anlaufenlassen (spezifische Wärme!) noch verstärkt wird, und auf den wesentlich längeren Stapel. Oberflächenelektrizität konnte bei den Walzen — durch starkes Einreiben der Walzen mit Fasermaterial und Beobachtung der gegebenenfalls stattfindenden Anziehung einzelner Faserspitzen — nicht festgestellt werden. Obwohl dem Wickeln der Lederzylinder, das auch von den Engländern für Stapelfaserverarbeitung als charakteristisch bezeichnet wird »Staple fibre has a tendency to lick« (24), nicht ganz abgeholfen werden konnte, seien hier doch einige Maßnahmen zur Besserung aufgezählt:

1. Wahl von möglichst glatten Oberwalzen (wenn Lackierung vorhanden, muß dieselbe unempfindlich gegen Feuchtigkeit und Wärme sein — nicht klebrig werden), welche durch Reibung mit Stapelfaser keine Oberflächenelektrizität erzeugen.

2. Einhaltung geringer Luftfeuchtigkeit und guter Saalwärme.

3. Einhaltung einer geringen Vließbreite (durch niedere Fachung $f = 6$), stark verjüngende Luntenführungen und Einsäumbleche.

4. Vergrößerung des Walzendurchmessers bzw. Wahl eines kürzeren Stapels.

5. Weitere Verringerung der Metergeschwindigkeit der Verzugszylinder.

Die Wahl eines kürzeren Stapels (z. B. 40 mm) hat noch den Vorteil, daß wieder 4-Zylinderstreckwerke verwendet werden können und so die Zwischenverzüge kleiner ausfallen. Die gewählten Zylinderbelastungen stellen keine festen Werte dar und können gegebenenfalls noch niederer gewählt werden, besonders dann, wenn entweder die Einnummer feiner oder die Vließbreite (Einführungsbreite der Bänder) schmäler gewählt wird, da so trotz geringerer Belastung der Druck je Faser ungefähr gleichbleibt. Um die gegenseitige Reibung der Fasern bei den verschiedenen Streckungen konstant zu halten, empfiehlt es sich, die infolge der fortschreitenden Ordnung der Fasern geringer werdende Reibung durch Zusammendrängen der Fasern auf eine entsprechend geringere Breite wieder zu erhöhen. Auf diese Weise oder durch Wahl eines etwas größeren Verzuges ($V$) als die Fachung ($f$) (feiner werdende Einnummern!) können steigende Belastungen auf den nacheinander folgenden Streckdurchgängen vermieden werden (s. Zahlentafel 6 u. 7). Zur Erzielung eines reinen Vließes ist es dringend notwendig, die Maschine peinlich sauber zu halten und vor allem die auf den Putzbrettern angesammelten Abfälle häufig zu entfernen, weil diese sonst in das Vließ gelangen. Zum Schluß sei noch darauf hingewiesen, daß danach gestrebt werden muß, mit 1 oder 2 Streckdurchgängen auszukommen, weil jeder weitere Durchgang auf die Faser schädigend wirkt (Faserverkürzung und Verringerung der Kräuselung und Elastizität) und infolge der Umkehrung der Laufrichtung des Gutes zur Faserumstülpung und deren Verfilzung (Faserknötchen) führt. Nur zur Erzielung einer für Herstellung feiner Nummern notwendigen guten Gleichmäßigkeit sind 3 Durchgänge wünschenswert. Letzterer Ansicht vertreten auch die englischen Maschinenfabriken (24 u. 25); (s. auch Spinnplan 4; 6 u. 5, Zahlentafel 8!)

### l) Vorspinnmaschinen.

Grob-Mittel-Fein-Hochfein-Spuler.
(Versuch 15a, 17a, 19a, 21a, Zahlentafel 6.)
(Versuch 16b, 18b, 20b, Zahlentafel 7.)

Vorversuche: Diese waren ganz allgemeiner Natur und erstreckten sich auf die für die Sniafilverarbeitung notwendigen Einstellungen (besonders des Streckwerkes) und Abänderungen. Von letzteren ist besonders bemerkenswert das Ausprobieren einer geeigneten mittleren Selbstbelastungswalze, die infolge des längere Fasern enthaltenden Stapels da verwendet werden mußte, wo die Zylinder nicht genügend weit auseinander gestellt werden konnten. Im übrigen dienten die Vorversuche zur Auffindung der jeweils geeignet erscheinenden Verzüge (Nummernwechsel) und Drahterteilung (Drahtwechsel) sowie der richtigen Steuerung des Aufwindwerkes (Wagenwechsel, Schaltrad).

Maschinen: Mülhauser Grobspuler vom Jahre 1897 mit 48 Spindeln ($n_s = 508$), Mülhauser Mittelspuler vom Jahre 1916 mit 128 Spindeln ($n_s = 680$), Mülhauser Feinspuler vom Jahre 1916 mit 168 Spindeln ($n_s = 976$ bzw. $= 804$), Mülhauser Hochfeinspuler vom Jahre 1916 mit 198 Spindeln ($n_s = 944$), alle mit voreilender Spule und in üblicher Ausführung. Aufbau und Wirkungsweise der Maschinen werden als bekannt vorausgesetzt (5).

Einstellung: Bis auf die (gegenüber der Baumwollverarbeitung) teilweise geringere Drahterteilung (Zahlentafel 6 u. 7) wurden wesentliche Änderungen nur am Streckwerk vorgenommen, die sich auf weitere Zylinderstellungen und höhere Belastungen erstreckten. Die Einstellung der Streckwerke bei den einzelnen Spulern war wie folgt:

Grobspuler — kardiert und gekämmt
(Versuch 15a u. 16b):

| Zylinder | | III | | II | | I |
|---|---|---|---|---|---|---|
| Durchmesser | (mm) | 35 | | 30 | | 35 |
| Mittenabstände | (mm) | | 52,5 | | 44,5 | |
| Belastungen | (kg) | 5,16 | | 5,63 | | 7,94 |
| (für 2 Lunten) | | (eig. Belast.) | | | | |
| Verzüge { | (15a) | 1,14 | | | 4,3 } | $V_0{}^{1}) = 4,92$ |
| | (16b) | 1,14 | | | 3,85 } | $V_0 = 4,38$ |

---

[1]) $V_0 =$ theoretischer Verzug.

### Mittelstrecke — kardiert und gekämmt
### (Versuch 17a u. 18b)

| Zylinder | | III | | II | | I |
|---|---|---|---|---|---|---|
| Durchmesser | (mm) | 35 | | 30 | | 35 |
| Mittenabstände | (mm) | | 52,5 | | 44,5 | |
| Belastungen | (kg) | 3,47 | | 5,51 | | 6,37 |
| (für 2 Lunten) | | (eig. Belast.) | | | | |
| Verzüge { | (17a) | 1,235 | | 3,87 | } $V_0 = 4,77$ | |
| | (18b) | 1,235 | | 3,64 | } $V_0 = 4,48$ | |

### Feinspuler — kardiert und gekämmt
### (Versuch 19a u. 20b)

| Zylinder | | III | | II | | I |
|---|---|---|---|---|---|---|
| Durchmesser | (mm) | 32 | | 28 | | 32 |
| Mittenabstände | (mm) | | 39 | | 32 | |
| Belastungen | (kg) | 2,05 | | 0,048 | | 6,35 |
| (für 2 Lunten) | | (eig. Belast.) | | (eig. Belast.) | | |
| Verzüge { | (19a) | 1,26 | | — | | |
| | (20b) | 1,26 | | 4,42 | } $V_0 = 5,57$ | |

### Hochfeinspuler — kardiert
### (Versuch 21a)

| Zylinder | | III | | II | | I |
|---|---|---|---|---|---|---|
| Durchmesser | (mm) | 32 | | 28 | | 32 |
| Mittenabstände | (mm) | | 44 | | 42 | |
| Belastungen | (kg) | 1,65 | | 0,35 | | 5,58 |
| (für 2 Lunten) | | (eig. Belast.) | | (eig. Belast.) | | |
| Verzüge | | — | | — | | |

Die mittleren Selbstbelastungszylinder waren bei dem Feinspuler Holzzylinder mit Eisenkern, bei dem Hochfeinspuler (unbelastete) belederte Eisenroller (wie bei Zylinder I verwendet). Die Spindeldrehzahl war beim Durchgang des gekämmten Gutes durch den Feinspuler auf $n_s = 804$ (gegenüber 976) herabgesetzt worden, da sich ein schlechtes Laufen infolge der (gegenüber Baumwollverarbeitung) größeren Metergeschwindigkeit (herrührend von der geringeren Drahtgebung) bei der Verarbeitung des kardierten Gutes bemerkbar gemacht hatte. Die obere Putzwalze, welche in üblicher Einstellung nur auf Oberzylinder I und III auflag, drehte sich da nicht mehr mit, wo sie infolge zu großer Zylinderentfernungen mit Lederroller II in Berührung kam.

Durchführung der Versuche: Durchgang des kardierten Gutes. Es wurde 3 mal (Spinnplan 1) und 4 mal (Spinnplan 3) vorgesponnen (Zahlentafel 6): Die von der Mittelstrecke (3. Streckung) gelieferten

Kannen wurden am Grobspuler angestellt ($f = 1$). Die Ausnummer nach dem Feinspuler betrug $N_{f_a} = 4,3$, nach dem Hochfeinspuler $N_{f_a} = 12,6$. Die Erzeugungen auf den einzelnen Maschinen waren infolge der geringeren Drehungen gegenüber Baumwolle etwas höher und wurden zu $E = 34,52$ kg/h (bzw. 35,96; 13,58; 2,95) unter Annahme eines Wirkungsgrades von $\eta = 90\%$ (bzw. 92; 95; 94) ermittelt. Viele Stillstandzeiten traten ein beim Grobspuler durch Bandriß infolge schlechter »Andreher« (unterstützt durch geringe Faserreibung) und der geringen Drahtgebung, beim Mittel und Feinspuler hauptsächlich durch Verstopfen der Flügel infolge Butzenbildung (Reibung!). Die Abfälle für die einzelnen Durchgänge setzten sich zusammen wie folgt:

Grobspuler (15a)
$\left\{ \begin{array}{l} 0,26 \ \% \ \text{Handabfall,} \\ 0,02 \ \% \ \text{Abfall von Putzwalze und -brett} \\ \hline 0,28 \ \%. \end{array} \right.$

Mittelspuler (17a)
$\left\{ \begin{array}{l} 0,226\% \ \text{Handabfall,} \\ 0,019\% \ \text{Abfall von Putzwalze und -brett} \\ \hline 0,245\%. \end{array} \right.$

Feinspuler (19a)
$\left\{ \begin{array}{l} 0,324\% \ \text{Handabfall,} \\ 0,119\% \ \text{Abfall von oberer und unterer Putzwalze} \\ \hline 0,443\%. \end{array} \right.$

Hochfeinspuler: Abfälle sind hier praktisch nicht anführbar.
(21a)

Die Luntenrisse betrugen $R_{km} = 2,33$ (bzw. 0,2; 0,221; 0). Die Ungleichmäßigkeit aus Nummernproben (je 10 m, 10 mal) wurde ermittelt zu $U_{max} = 5,4^0/_0$ (bzw. 28,6; 12,7; 11,95). Alle übrigen Versuchsergebnisse siehe Zahlentafel 6. Bis auf die große Anzahl Luntenrisse war die Verarbeitung auf dem Grob- und Mittelspuler zufriedenstellend. Dagegen enthielt die Auslunte des Feinspulers viele Grobfäden und trat ein besonders häufiges Verstopfen der Flügel (gegenüber dem Mittelspuler) ein. Die Auslunte des Hochfeinspulers fiel trotz des guten Laufens der Maschine ebenfalls nicht zufriedenstellend aus (dicke Stellen). (Verarbeitung mittels 2 bzw. 3 Spulerdurchgängen nach Spinnplan 4 und 6, Zahlentafel 8, liegt außerhalb der Versuchsaufnahmen!)

Durchgang des gekämmten Gutes: Dieses wurde 3 mal vorgesponnen (Spinnplan 2, Zahlentafel 7). Die Ausnummer des Feinspulers betrug $N_{f_a} = 4,9$. Die Erzeugungen beim Grob- und Mittelspuler waren (entsprechend den Verzügen) ungefähr dieselben wie die des kardierten Gutes unter Zugrundelegung auch derselben Wirkungsgrade. Nur die Erzeugung des Feinspulers fiel infolge der verringerten Spindeldrehzahl niedriger aus. Gegenüber der Verarbeitung des kardierten Gutes traten weniger Luntenrisse und Verstopfungen der Flügel ein. Auch konnte bei Mittel- und Feinspuler die Drahtgebung infolge des längeren Stapels noch etwas herabgesetzt werden. Die Abfälle für die einzelnen Durchgänge setzten sich zusammen wie folgt:

Grobspuler (16b)
$\begin{cases} 0,12\% & \text{Handabfall,} \\ \underline{0,021\%} & \text{Abfall von Putzwalze und -brett} \\ 0,141\%. \end{cases}$

Mittelspuler (18b)
$\begin{cases} 0,089\% & \text{Handabfall,} \\ \underline{0,013\%} & \text{Abfall von Putzwalze und -brett} \\ 0,102\%. \end{cases}$

Feinspuler (20b)
$\begin{cases} 0,180\% & \text{Handabfall,} \\ \underline{0,063\%} & \text{Abfall von oberer und unterer Putzwalze} \\ 0,243\%. \end{cases}$

Die Luntenrisse betrugen $R_{km} = 1,85$ (bzw. 0,15; 0,039). Die Ungleichmäßigkeit aus Nummernproben (je 10 m, 10 mal) wurde ermittelt zu $U_{max} = 8,2\%$ (bzw. 6,8; 8,95). Alle übrigen Versuchsergebnisse siehe Zahlentafel 7. Die Verarbeitung des gekämmten Gutes auf den Spulern muß im allgemeinen als zufriedenstellend bezeichnet werden. (Die Verarbeitung mittels 3 Spulerdurchgängen nach Spinnplan 5, Zahlentafel 8, liegt außerhalb der Versuchsaufnahmen!)

Auswertung der Versuche: Die erhaltenen Abfallmengen stellen kleine Werte dar, die jedoch durch Verhütung des Verstopfens der Flügel und im Falle einer Verarbeitung im Großbetriebe durch Anfall weniger Reste noch bedeutend ermäßigt werden könnten. Obwohl es vielleicht noch möglich und zum Vorteil einer besseren Ausnutzung der Maschine und Zylindermehrentlastung der Streckwerke wünschenswert wäre, die Drehung der Vorgarne noch mehr herabzusetzen, sprechen doch verschiedene Gründe dagegen: Zu geringe Drehung begünstigt einerseits infolge der Steifigkeit der Stapelfaser das Entstehen grober Stellen in den Lunten (die bandartige Auslunte widerstrebt stellenweise der Drahterteilung), anderseits tritt auch ein allzu leichtes Aufrauhen in den Flügeln (Butzenbildung!) und damit Störung ein. Platt Brothers gibt für Stapelfaser unterhalb für Baumwollverarbeitung liegende Drahtzahlen an (25); umgerechnet sind diese:

$$\begin{array}{ll} \text{Grobspuler} & b = 0,299 \\ \text{Mittelspuler} & b = 0,363 \\ \text{Feinspuler} & b = 0,384 \end{array} \qquad b = \frac{t_{cm}}{\sqrt{N_f}}.$$

Die Frage der Wahl geeigneter mittlerer Selbstbelastungszylinder konnte nicht einwandfrei geklärt werden. Beziehungen zwischen dem

Wassergehalt der Luft und dem des Ausgutes konnten nicht gefunden werden. Jedenfalls ist eine nicht zu geringe gleichmäßige Saalwärme wünschenswert. (Hängenbleiben der Fasern an kalten Metallteilen.) 80 % aller Luntenrisse mußten auf verstopfte Flügel zurückgeführt werden. Um diesem Übelstand abzuhelfen, dienen folgende Maßnahmen:

1. Glätten aller mit der Faser in Berührung kommenden Teile, vor allem der Flügel. (Dobson & Barlow vertritt auch diese Ansicht (24).)

2. Verringerung der Luntenspannung durch geringere Umschlingung am Flügelkopf und Preßfinger.

3. Herabsetzung der Flügeldrehzahlen um $^1/_5$ bis $^1/_4$. (Geringere Zentrifugalkraft und geringere Metergeschwindigkeit der Lunte verringern die Reibung.)
   Platt Brothers geben an (25):

   Grobspuler   $n_s = 400$
   Mittelspuler  $n_s = 600$
   Feinspuler    $n_s = 950$.

   (Vgl. Versuch 15a, 17a, 16b, 18b, Zahlentafel 6 u. 7!)

4. Entsprechende (höhere) Drahterteilung. Das häufige Verstopfen der Flügel am Feinspuler (Versuch 19a) — Luntenrisse wurden durch rechtzeitiges Abstellen hier vermieden — wird größtenteils auf die geringe Drehung des vom Mittelspuler gelieferten Vorgarnes zurückgeführt ($b = 0,318$ ist etwas zu nieder!).

5. Peinliche Sauberhaltung der Maschine.

6. Vermeidung der Kurzfaserbildung auf allen vorhergehenden Maschinen.

   (Beweis: Weniger Luntenrisse bei dem gekämmten Gut gegenüber dem kardierten trotz geringerer Drehung; siehe Zahlentafel 6 u. 7.)

Geringere Spindeldrehzahlen haben noch den Vorteil, daß die einzelnen Verzüge genauer ausgeführt werden und dadurch die ziemlich großen Nummernschwankungen (Versuch 15a, 17a, 19a, 21a, Zahlentafel 6!) etwas verbessert werden können. Auch hier sei betont, daß aus den bei Behandlung der Strecken angegebenen Gründen danach getrachtet werden muß, mit möglichst wenig Maschinendurchgängen auszukommen und es nach Ansicht des Verfassers besser ist, dieselbe Vorgarnnummer unter Einsparung eines Spulerdurchganges und dafür mit höheren Verzügen bei geringerer Erzeugung (Produktion) der übrigen Spuler zu spinnen.

## m) Ringspinner.

(Versuch 31a, 52a, 38a, 50a, 22a, 23a, 37a, 49a, 26a, 28a, 33a, 35a, Zahlentafel 9.)

(Versuch 25b, 39b, 24b, 51b, 27b, 29b, 34b, Zahlentafel 10.)

Vorversuche: Diese erstreckten sich auf die Auffindung geeigneter Spinnmaschinen, bzw. mit geeigneten Streckwerken versehene (langer Stapel). Besonders dienten die Vorversuche zur Feststellung einer brauchbaren Zylindereinstellung und Belastung, einer günstigen Drahtgebung und eines geeigneten, nicht zu schweren Läufers. Ein Augenmerk mußte auf die Wahl einer in bezug auf Oberflächenbeschaffenheit und Gewicht brauchbaren Selbstbelastungswalze (für Zyl. II) gerichtet werden. Im übrigen waren die Vorversuche allgemeiner Natur und dienten (wie bei Baumwolle) zur genauen Einstellung der Maschine.

Maschinen: Ringspinnmaschine der Deutschen Werke Ingolstadt vom Jahre 1927 mit 4-Zylinder-Hochverzugsstreckwerk (D4), Streckwerksneigung = 41° und 256 Spindeln. Ringspinnmaschine von Howard & Bullough vom Jahre 1909 mit 3-Zylinder-Streckwerk, Streckwerksneigung = 24° und 384 Spindeln. Ringspinnmaschine der Elsässischen Maschinenbau A.-G. vom Jahre 1916 mit 3-Zylinder-Streckwerk, Streckwerksneigung = 30° und 284 Spindeln. Ringspinnmaschine der Elsässischen Maschinenbau A.-G. vom Jahre 1907 mit 3-Zylinder-Streckwerk, Streckwerksneigung = 48° und 128 schräg stehenden Spindeln, Neigung = 18° (Versuchsmaschine). Aufbau und Wirkungsweise der Maschinen werden als bekannt vorausgesetzt (5 u. 26).

Einstellung: Bis auf die (gegenüber der Baumwollverarbeitung) im allgemeinen höhere Drahtgebung und Wahl eines leichteren Läufers (s. Zahlentafel 9 u. 10) wurden wesentliche Änderungen nur am Streckwerk vorgenommen, die sich auf weitere Zylinderstellungen, auch höhere Belastungen (Zyl. I) und Einbau geeigneter Selbstbelastungswalzen (für Zyl. II) bezogen. Die Einstellung der Streckwerke war wie folgt:

1. Ringspinner D 4[1] — Zettel — kardiert:

(Versuch 31a, 52a, 38a, 50a, 23a, 37a, 49a, 26a, 38a)

| Zylinder | | IV | III | II | I |
|---|---|---|---|---|---|
| Durchmesser | (mm) | 28 | 16 | 14 | 22,3 |
| Mittenabstände | (mm) | 40 | 17 | 22,15 | |
| | | | | 26,15 (52a, 38a) | |
| Belastungen | (kg) | 1,63 | 0,31 | 0,045 | 4,46 |
| (für 2 Lunten) | | (Eig.-Belast.) | (Eig.-Belast.) | (Eig.-Belast.) | |

---

[1] Es wurde wieder dazu übergegangen, die Indices hoch zu setzen, da diese Setzart anscheinend für die Tabellen besser ist.

### 2. Ringspinner *H* u. *B* 3 — Zettel — kardiert:
#### (Versuch 22 a)

| Zylinder | | III | | II | | I |
|---|---|---|---|---|---|---|
| Durchmesser | (mm) | 28 | | 24 | | 28 |
| Mittenabstände | (mm) | | 44 | | 27 | |
| Belastungen | (kg) | 1,35 | | 0,17 | | 4,68 |
| (für 2 Lunten) | | (Eig.-Belast.) | | (Eig.-Belast.) | | |

Rillenzyl. v. Trümbach

### 3. Ringspinner, Emag 3 — Zettel — kardiert:
#### (Versuch 33 a, 35 a)

| Zylinder | | III | | II | | I |
|---|---|---|---|---|---|---|
| Durchmesser | (mm) | 27 | | 22 | | 27 |
| Mittenabstände | (mm) | | 43 | | 25,5 | |
| Belastungen | (kg) | 1,43 | | 0,080 (33a) | | $\dfrac{8,314}{2}$ |
| (für 2 Lunten) | | | | 0,050 (35a) | | |
| | | (Eig.-Belast.) | | (Eig.-Belast.) | | |

### 4. Ringspinner, Emag 3 — Schuß — gekämmt:
#### (stark geneigtes Streckwerk)
#### (Versuch 25 b, 39 b, 24 b, 51 b, 27 b, 29 b, 34 b)

| Zylinder | | III | | II | | I |
|---|---|---|---|---|---|---|
| Durchmesser | (mm) | 25 | | 20 | | 25 |
| Mittenabstände | (mm) | | 36 | | 27 | |
| | | | | | | 24 (25 b, 24 b) |
| Belastungen | (kg) | 1,18 | | 0,075 | | $\dfrac{9,5}{2}$ |
| | | (Eig.-Belast.) | | (Eig.-Belast.) | | |

Die theoretischen Verzüge waren nicht berechnet worden. Die Selbstbelastungswalzen (für Zyl. II) waren bei *D* 4 ein (45 g) Metallzyl.; bei H. & B. war der (300 g) ursprüngliche gegen einen Trümbach-Rillenzylinder (170 g), bei Emag (3. Maschine) der (150 g) Originalzylinder gegen einen leichteren (80 g bzw. 50 g) Versuchszylinder aus Metall, bei Emag (4. Maschine) der (235 g) Metallzylinder gegen einen (75 g) Versuchszylinder umgetauscht worden. Die übrigen Einstellungen gehen aus den Zahlentafeln 9 u. 10 hervor.

Durchführung der Versuche:

1. Ringspinner $D\,4$ — Zettel — kardiert (Versuch 31a, 52a, 38a, 50a, 23a, 37a, 49a, 26a, 28a). Bis auf Versuch 38a (Spinnplan 4) waren alle Vorgarne nach Spinnplan 1 gesponnen worden ($N_{f_a} = 4{,}3$). Die Verzüge schwankten in den Größenordnungen von 8,75 bis 18,56, und die Drahtzahl lag zwischen 1,6 und 1,7. Die Läufer wurden in ihrem Gewicht ungefähr um $^1/_3$ leichter gewählt als die für die Verspinnung von Baumwolle üblichen und die Läufernummern schwankten zwischen $5/_0$ und $11/_0$ (0,0324 g ÷ 0,0211 g je Stück). Der Wassergehalt der Luft war infolge hoher relativer Feuchtigkeit in den Spinnsälen und hoher Saalwärme beträchtlich und rief eine Steigerung des Wassergehaltes des Ausgutes hervor. Die Erzeugungen waren entsprechend den gesponnenen Nummern (4,43 ÷ 1,48 kg/h) und es wurde ein Wirkungsgrad von $\eta = 94\%$ zugrunde gelegt. Die Abfälle wurden nur einige Male ermittelt und erhalten von oberer und unterer Putzwalze (Abfall der unteren Walze überwiegend). Die Fadenrisse waren häufiger als bei Baumwolle, und ihre jeweilige Größe ($R_{km}$) gibt ein Bild für die Güte der Verarbeitung. Alle nicht angeführten Versuchsergebnisse siehe Zahlentafel 9. Gegenüber der Baumwollverarbeitung ist noch die größere Flugbildung erwähnenswert. Im allgemeinen kann die Verarbeitung auf der Ingolstädter Hochverzugs-Ringspinnmaschine als zufriedenstellend angesehen werden.

2. Ringspinner H. & B. — Zettel — kardiert (Versuch 22a). Es wurde mit einem 6,3fachen Verzug nach Spinnplan 1 gesponnen ($N_{f_a} = 27{,}1$). Das Garn lief schlecht ($R_{km} = 2{,}134$) und war rauh, haarig und zeigte viele eingesponnene kurze Fasern. Bemerkenswert gegenüber den vorhergehenden Versuchen sind: der schwere Rillenzylinder von Trümbach (170 g), die geringe Drahtzahl ($b = 1{,}4$) und der schwere Läufer ($LN = 3/_0$). Diese ungünstigen Einstellungen sind in dem hier erstmalig durchgeführten Spinnversuch begründet (22a!). Die übrigen Versuchsergebnisse siehe Zahlentafel 9. Die Flugbildung war wiederum beträchtlich. Wegen der schlechten Ergebnisse wurden weitere Versuche auf der Maschine nicht durchgeführt.

3. Ringspinner Emag — Zettel — kardiert (Versuch 33a, 35a). Es wurden die Garne $N_{f_a} = 45$ und 46,3 nach Spinnplan 3 ($N_{f_e} = 12{,}6$), mit 7,14- und 7,35fachem Verzug gesponnen. Das Garn lief schlecht und war rauh. Das Einsetzen einer leichteren Selbstbelastungswalze (für Zyl. II) hatte ein Sinken der Rißzahl zur Folge ($R_{km} = 3{,}005$ auf 1,785). Alle übrigen Versuchsergebnisse siehe Zahlentafel 9. Die Flugbildung war auch hier beträchtlich.

4. Ringspinner Emag — Schuß — gekämmt (Versuch 25b, 39b, 24b, 51b, 27b, 29b, 34b). Bis auf Versuch 39b (Spinnplan 5) waren alle Vorgarne nach Spinnplan 2 gesponnen worden ($N_{f_e} = 4{,}9$). Die

Verzüge schwankten in den Größenordnungen von 7,59 bis 12,39, und die Drahtzahl lag zwischen 1,26 und 1,3 (niederer wie bei kardiert!). In bezug auf Läufernummer, Wassergehalt der Luft und des Ausgutes, Erzeugungen und Wirkungsgrad gilt das unter 1. »Ringspinner« Gesagte. Die Abfälle waren geringer als bei 1. (siehe 51 b). Gegenüber Versuch 24 b und 25 b wurde bei den übrigen Versuchen der Zylindermittenabstand (Zyl. I und Zyl. II) von 24 mm auf 27 mm vergrößert, was bei dem langen Stapel (gekämmt!) an und für sich gut möglich war. 27 b und 29 b sind Vergleichsversuche, wobei vor Versuch 29 b die Oberflächen von Riffelzylinder, Durchzugswalze und Lederzylinder einwandfrei geglättet worden waren. Flugbildung und Risse waren im allgemeinen geringer als auf den anderen Ringspinnmaschinen. Die wenigsten Risse wies das nach Spinnplan 5 gesponnene Garn auf. Die übrigen Versuchsergebnisse siehe Zahlentafel 10. Die Verarbeitung auf der Mülhauser Ringspinnmaschine war im großen und ganzen zufriedenstellend.

Auswertung der Versuche: Zunächst sei bemerkt, daß eine zusammenfassende, vergleichende Auswertung der Versuche (besonders in bezug auf Güte der gesponnenen Garne) im Kapitel »Garnuntersuchung« vorgenommen wird, und hier nur eine kurze Versuchskritik in bezug auf Laufen der Garne ($R_{km}$) und ihr Äußeres stattfinden soll.

1. Ringspinner $D$ 4 — Zettel — kardiert. Der Einfluß eines leichteren Läufers ergibt sich aus Vergleich der Versuche 37 a und 23 a (Sinken der Fadenrißzahl!). Die Frage der richtigen Zylinderstellungen konnte nicht einwandfrei geklärt werden. Jedenfalls scheint es vorteilhaft, beim Spinnen gröberer Garne eine weitere Stellung als beim Spinnen feiner Garne zu wählen. Versuch 52 a (weitere Stellung) weist weniger Risse auf ($R_{km} = 0,396$) als Versuch 31 a ($R_{km} = 0,591$). Im allgemeinen ist es jedoch erwünscht, zur guten Faserführung mit der Durchzugswalze möglichst nahe an den Vorderzylinder heranzurücken. Das hierdurch bedingte geringe Gewicht der Durchzugswalze wird erreicht durch seine Ausführung in Aluminium oder in hohler Form (24). Die größere Fadenrißzahl bei Versuch 38 a ist auf einfaches Aufstecken und Verspinnen von Mittelspulen (Spinnplan 4) zurückzuführen. Das gut geneigte Streckwerk war für die Verarbeitung einerseits der infolge ihrer Steifigkeit die Drehung ungern aufnehmenden Fasern vorteilhaft, anderseits fiel der umspannte Bogen der ungedrehten Lunte an Zyl. I und damit die bei Stapelfaserverspinnung an und für sich hohe Fadenrißzahl geringer aus. Im übrigen hat sich der Hochverzug für Stapelfaserverarbeitung gut bewährt, was auch von anderer Seite bestätigt wird (25 u. 27).

2. Ringspinner H. & B. — Zettel — kardiert. Als erster durchgeführter Spinnversuch (22 a) zeitigte er sehr schlechte Ergebnisse.

Begründet sind diese teilweise in der Maschine selbst (geringste Streck-werksneigung = 24⁰), ferner in der einfachen Aufsteckung, in der Wahl einer ungeeigneten und zu schweren Durchzugswalze (Trümbach), einer zu geringen Drahtzahl und eines zu schweren Läufers. Die Ma-schine selbst besaß auch Riffelzylinder von zu großem Durchmesser, welche die angestrebte enge Einstellung von Zyl. I und II nicht er-laubten.

3. Ringspinner Emag — Zettel — kardiert. Versuch 33a, wies die höchste Fadenbruchzahl auf ($R_{km} = 3{,}005$), die durch Einbau einer leichteren Durchzugswalze (Versuch 35a) beträchtlich herabgemindert werden konnte ($R_{km} = 1{,}785$). Diese Verbesserung scheint in der in-folge der leichten Walze geringeren Faserstreckung begründet zu sein, welche den Fasern bei Verlassen des Streckwerks mehr Kräuselung bzw. Dehnung ließ, die ja bei Erteilung des Drahtes unbedingt erforderlich sind, besonders beim Spinnen feiner Nummern wie hier. Die an und für sich schlechten Versuchsergebnisse scheinen, abgesehen von der Aus-führung des Streckwerks (Streckwerksneigung nur 30⁰) im Vorgarn be-gründet zu sein, dessen Fasern infolge zu vieler Maschinendurchgänge (Spinnplan 3) gelitten haben.

4. Ringspinner Emag — Schuß — gekämmt. Versuch 39b (Spinn-plan 5) hatte die wenigsten Fadenrisse zu verzeichnen ($R_{km} = 0{,}158$). Zurückgeführt werden muß dies auf den gegenüber den anderen Ver-suchen abweichenden Spinnplan (weniger Maschinendurchgänge und damit Faserschonung!). Gegenüber den Versuchen auf den anderen Ringspinnern ergaben die auf Maschine 4 durchgeführten weniger Faden-brüche, geringere Flugbildung und damit weniger Abfall (trotz ein-facher Aufsteckung). Auch fiel das Garn schöner und reiner aus. In erster Linie werden diese Tatsachen auf den Spinnplan 2 (gekämmt!) zurückgeführt. Anderseits erwiesen sich die schrägstehenden Spindeln (18⁰) und die große Neigung des Streckwerks (48⁰) als für die Verarbei-tung besonders günstig. Infolge des gleichmäßigeren Stapels konnte auch die Drahtzahl niederer gehalten werden. Die Verbesserung der Fadenrisse in Versuch 29b gegenüber Versuch 27b (von $R_{km} = 0{,}928$ auf $R_{km} = 0{,}464$) ist im Glätten aller mit den Fasern in Berührung kom-menden Teile des Streckwerks begründet (Feile, Schmirgelleinwand, Bimsstein!). Unter Berücksichtigung der gesponnenen feinen Nummern kann die vorliegende Maschine als für Stapelfaserverarbeitung geeignet bezeichnet werden.

### n) Selbstspinner.

(Versuch 53a, 54b, 48b, 42b, 46b, 45b, 47b, 43b, 44b, 40b, 41b, Zahlentafel 11.)

Vorversuche: Die Versuche 40b mit 45b dienten zur genauen Einstellung des Selbstspinners im allgemeinen, zur Feststellung einer

brauchbaren Zylindereinstellung, -Belastung und Auffindung einer geeigneten Durchzugswalze. Ein besonderes Augenmerk mußte darauf
gerichtet werden, durch entsprechende Maßnahmen die anfänglich sehr
hohe Fadenrißzahl herabzumindern. Erst die Versuche 46 b mit 48 b
und 53 a und 54 b wurden zu eigentlichen Versuchsaufnahmen und zu
deren Auswertung herangezogen. Weil die zahlenmäßigen Ergebnisse
der Vorversuche teilweise in die Zahlentafeln aufgenommen wurden,
erfolgt ausnahmsweise deren Besprechung unter »Durchführung der
Versuche«.

Maschine: Selbstspinner der Elsässischen Maschinenbau A.-G.
vom Jahre 1897 mit 3-Zylinder-Streckwerk und 900 Spindeln. Aufbau
und Wirkungsweise der Maschine werden als bekannt vorausgesetzt (5).

Einstellung: Die hier beschriebenen Maschineneinstellungen sind
die, nach Beendigung der Vorversuche, für die Versuche 46 b mit 48 b
und 53 a und 54 b geltenden. Die Spindelneigung war von 16,5⁰ auf
19⁰ erhöht und der Gegenwinder etwas entlastet worden. Eine günstige
Drahterteilung war in den Vorversuchen ausprobiert worden und ist
aus Zahlentafel 11 ersichtlich. Sonst wurden gegenüber der Baumwollverarbeitung wesentliche Änderungen nur am Streckwerk vorgenommen, die sich auf weitere Zylindereinstellungen und Einbau geeigneter Durchzugswalzen bezogen. Die Einstellung des Streckwerks
war wie folgt:

| Zylinder | | III | II | I |
|---|---|---|---|---|
| Durchmesser | (mm) | 27 | 22 | 27 |
| Mittenabstände | (mm) | | 42 | ⎰ 28 (48 b, 53 a)<br>⎬ 32 (47 b)<br>⎱ 36,5 (46 b, 54 b) |
| Belastungen | (kg) | 0,7 | 0,033 | 2,8 |
| (für 2 Lunten) | | (Eig.-Belast.) | (Eig.-Belast.) | |

Die Durchzugswalzen (für Zyl. II) waren aus Hartholz hergestellte
Versuchszylinder (Durchmesser = 22 mm). Die übrigen Einstellungen
gehen aus Zahlentafel 11 hervor.

Durchführung der Versuche: In den Versuchen 40 b mit 45 b
wurden schrittweise Änderungen bzw. Maßnahmen getroffen, um deren
Einfluß auf die Verarbeitung kennen zu lernen und so ihrem Bestzustand
näher zu kommen. Versuch 45 b mit üblicher Belastung von Zylinder I
und III ergab, daß die anfängliche höhere Belastung von Zyl. III und I
(1,0 kg und 4,3 kg) nicht gerechtfertigt war. Versuch 43 b zeitigte gegenüber den vorhergehenden eine Minderung der Fadenrisse durch Vergrößerung der Spindelneigung (von 16,5⁰ auf 19⁰) und Näherstellen von

Zyl. I und II (von 36,5 mm auf 28 mm). Versuche 40b mit 44b dienten zur Auffindung einer geeigneten Durchzugswalze für Zyl. II, wobei sich hohle Eisenzylinder mit 87 g (43b) und Holzzylinder mit 45 g (41b u. 44b) am besten bewährten. Das Vorgarn für Versuch 53a war nach Spinnplan 4 gesponnen worden. Dieser Versuch wies die geringste Fadenrißzahl und den geringsten Abfall auf. In Versuch 46b waren die Risse und Abfälle noch nicht aufgenommen worden. Da Versuch 46b viele Schnitte im Garn zeigte, war in Versuch 47b Zyl. I und II näher zusammengestellt worden. Die Fadenrisse verteilten sich hier auf die einzelnen Arbeitsgänge wie folgt:

$$(47\,b) \begin{cases} 70,4\% \text{ bei Ausfahrt,} \\ 22,8\% \text{ bei Abwinden,} \\ \underline{\phantom{2}6,8\% \text{ bei Einfahrt,}} \\ 100,0\%. \end{cases}$$

In Versuch 48b (u. 53a) waren die Zyl. I und II am engsten gestellt (= 28 mm) und gute Ergebnisse damit erzielt worden. Die Fadenbrüche verteilten sich auf die einzelnen Arbeitsgänge wiederum wie folgt:

$$(48\,b) \begin{cases} 71,7\% \text{ bei Ausfahrt,} \\ 22,4\% \text{ bei Abwinden,} \\ \underline{\phantom{2}5,9\% \text{ bei Einfahrt,}} \\ 100,0\%. \end{cases}$$

Die Abfälle setzten sich zusammen wie folgt:

$$(48\,b) \begin{cases} 0,41\% \text{ Abfall von oberer Putzwalze,} \\ 0,59\% \text{ Abfall von unterer Putzwalze,} \\ \underline{0,16\% \text{ Grobfäden,}} \\ 1,16\%. \end{cases}$$

In Versuch 54b war infolge des etwas längeren Stapels (Spinnplan 5) und der gröberen Ausnummer $N_{f_a} = 25,5$ eine gegenüber 48b weitere Zylinderstellung möglich. Die Verzüge schwankten zwischen 5,1 und 9,9. Die feinste gesponnene Nummer war $N_{f_a} = 40,3$. Die Drahtzahlen entsprechen bei den mittleren und feinen Nummern denen für gekämmtes Gut bei Verarbeitung auf Ringspinnmaschinen, bei gröberen Nummern konnten sie wesentlich niederer gehalten werden (53a u. 54b). Die Erzeugungen waren beim Selbstspinner bedeutend geringer als beim Ringspinner; auch mußte im allgemeinen ein Wirkungsgrad von $\eta = 90\%$ zugrunde gelegt werden. Die übrigen Versuchsergebnisse siehe Zahlentafel 11. Die Flugbildung war gegenüber Baumwollverarbeitung bedeutend größer und ein häufiges Reinigen der Putzwalzen war notwendig.

Zum Spinnen grober und mittlerer Nummern (bis $N_{fa} = 30$) hatte sich der Selbstspinner gut bewährt. Beim Spinnen feinerer Nummern fiel das Garn unrein aus und die Verarbeitung wurde durch zu häufige Fadenrisse unwirtschaftlich (Bedienung!).

Auswertung der Versuche: Wie schon unter »Ringspinner« bemerkt, erfolgt die eigentliche zahlenmäßige Versuchsauswertung unter »Garnuntersuchung« und es findet deshalb auch hier nur eine kurze Versuchskritik statt. Die geringere Fadenbruchzahl in Versuch 48b gegenüber 47b scheint in erster Linie im anderen Spinnplan (Vorgarn!) begründet zu sein. Die Notwendigkeit einer engeren Zylinderstellung bei 48b kann durch den infolge von mehr Maschinendurchgängen kürzeren Stapel erklärt werden. Das gleiche gilt auch für Versuch 53a, wobei allerdings hier der kürzere Stapel durch Wegfall des Kämmens erklärt ist. Die geringe Fadenrißzahl von 53a muß vor allem auf die grobe Ausnummer und dann auf den Spinnplan 4 (wenig Maschinendurchgänge!) zurückgeführt werden. (Man beachte den hohen Verzug von $V = 9,9$!) Beziehungen zwischen dem Wassergehalt der Luft und dem des Ausgutes konnten wiederum nicht gefunden werden. Der schlechtere Wirkungsgrad bei den Selbstspinnern gegenüber den Ringspinnern ist vor allem in der längeren Abziehdauer begründet. Besonders günstig für die Verspinnung von Stapelfaser ist beim Selbstspinner die Tatsache, daß der Faden ohne Brechung von Spindelspitze in das Streckwerk läuft. Ungünstiger jedoch ist das unterbrochene (periodische) Spinnen, das Vorgarn und auslaufendes Garn stärker beansprucht als beim Ringspinner (ungefähr 70% aller Fadenbrüche bei der Ausfahrt!). Die Fadenrisse könnten noch durch Erteilung einer geringeren Beschleunigung des Wagens bei der Ausfahrt herabgemindert werden. Diese Maßnahme, wie auch eine größere Spindelneigung wird auch von den Engländern vorgeschlagen (24). Die Firma Platt Brothers empfiehlt die Auszugslänge zu verkürzen und die Festigkeit der Garne durch Aufmischen mit ungefähr 20% Baumwolle zu erhöhen (25). Jedenfalls ist für ein gutes Arbeiten auf dem Selbstspinner Grundbedingung, ihn genauestens einzustellen und alles zu vermeiden, was das Garn unnötig beansprucht.

### o) Stapelschaubilder.

Wie schon in der Einleitung erwähnt, wurden diese in Ermangelung eines Apparates vom Staatl. Prüfamt für Textilstoffe in Reutlingen angefertigt. Da ja bekanntlich die Vorbereitungsmaschinen in erster Linie stapelschädigend wirken, wurde es als genügend erachtet, nur bis zur Strecke Stapelschaubilder herzustellen. Zur Veranschaulichung erfolgt hier ihre photographische Wiedergabe im ungefähren Maßstab 1 : 2,3, wobei die Benennung der Probe (z. B. 10b) dem jeweiligen Versuch entspricht.

Aus den Schaubildern wurden folgende Vergleichswerte ermittelt und in Zahlentafel 5 übersichtlich zusammengestellt:

$l_{max}$ = maximale Faserlänge (mm)
(ermittelt aus mehreren Fasern!),

$Fl$ = Diagrammfläche (mm²)
(erhalten durch Planimetrieren),

$Ba$ = Diagrammbasis (mm),

$l_m$ = mittlere Faserlänge (mm) $\left(l_m = \dfrac{Fl}{Ba}\right)$,

$A_{Ba}$ = Anteil der Basis, welcher die mittlere Faserlänge übertreffende Fasern enthält (%).

Zahlentafel 5.

| | | | $l_{max}$ mm | $Fl$ mm² | $Ba$ mm | $l_m$ mm | $A_{Ba}$ % |
|---|---|---|---|---|---|---|---|
| Abb. 15. | Rohgut . . . . . . . . | (1) | 44 | 9610 | 355 | 27,1 | 64,2 |
| » 16. | Reißmaschine . . . . . . | (2) | 43 | 8510 | 335 | 25,4 | 42,4 |
| » 17. | Auflegerschläger . . . . | (3) | 43 | 8040 | 346 | 23,2 | 53,2 |
| » 18. | Ausschläger . . . . . . | (4) | 42 | 7580 | 343 | 22,1 | 50,0 |
| » 19. | Karde . . . . . . . . | (5) | 43 | 7150 | 365 | 19,6 | 44,8 |
| » 20. | Bandmaschine . . . . . | (9 b) | 42 | 7420 | 371 | 20,0 | 47,5 |
| » 21. | Kehrstrecke . . . . . . | (10 b) | 42 | 7460 | 330 | 22,6 | 50,6 |
| » 22. | Kämmaschine . . . . . | (11 b) | 44 | 8290 | 300 | 27,6 | 57,0 |

Die im Rohgut am häufigsten vorkommende Faserlänge wurde nach dem Stapelschaubild zu etwa $37 \div 38$ mm ermittelt. — Eine Auswertung der Ergebnisse findet hier nicht mehr statt, da diese schon bei der Beschreibung der entsprechenden Verarbeitungsstufen besprochen worden waren und alles andere aus den Schaubildern bzw. aus Zahlentafel 5 hervorgeht.

Gegenüber Stapelschaubildern von Baumwolle zeigen diejenigen aus Sniafilstapelfasern anfangs einen geradlinigen Verlauf (größerer und gleichmäßigerer Anteil langer Fasern), der auf die Herstellung (Schneidevorgang) zurückzuführen ist und am Ende einen bedeutend größeren, sich während der Verarbeitung stark vermehrenden Anteil Kurzfasern, welcher der geringeren Reißkraft der Faser zuzuschreiben ist. Im allgemeinen geht aus der Veränderung der Stapelschaubilder wiederum hervor, daß die Stapelfaser während ihrer Verarbeitung noch bedeutend mehr geschont werden muß, um zu besseren Ergebnissen zu gelangen.

Abb. 15. Rohgut.

Abb. 16. Reißmaschine.

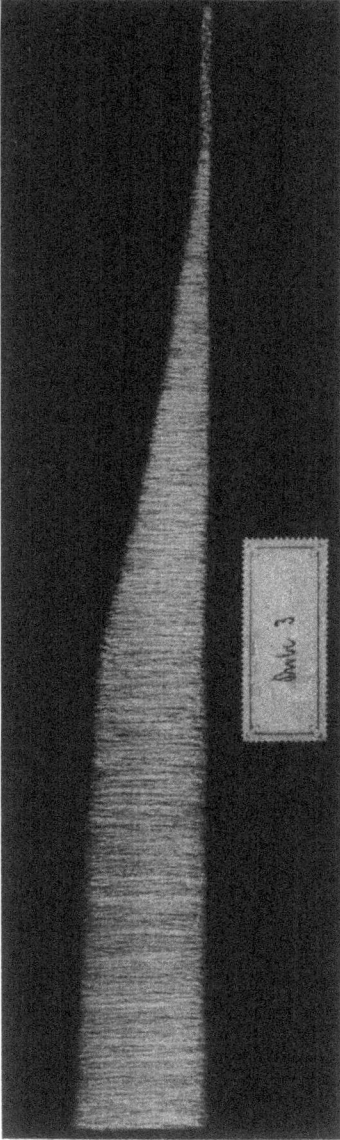

Abb. 17. Auflegerschläger.

Abb. 18. Ausschläger.

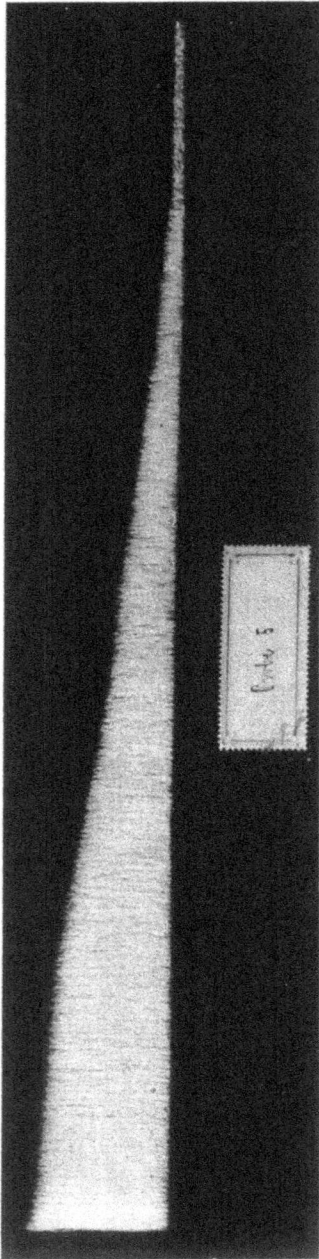

Abb. 19. Karde.

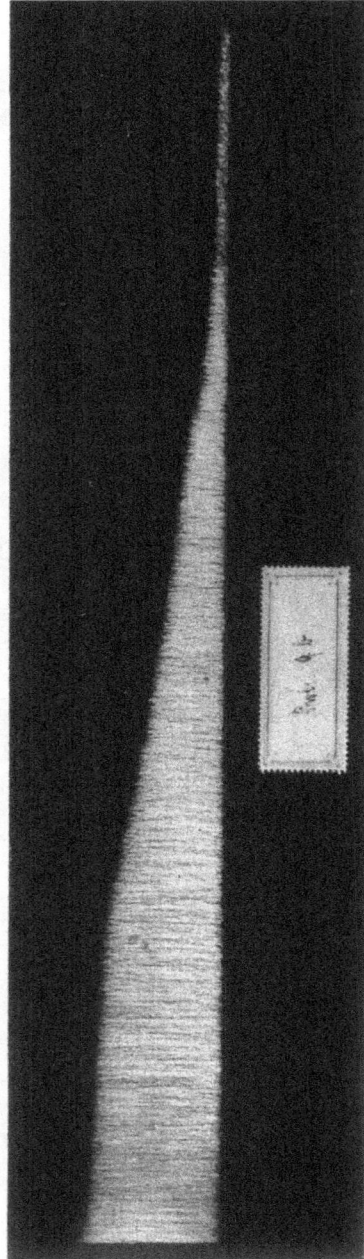

Abb. 20. Bandmaschine.

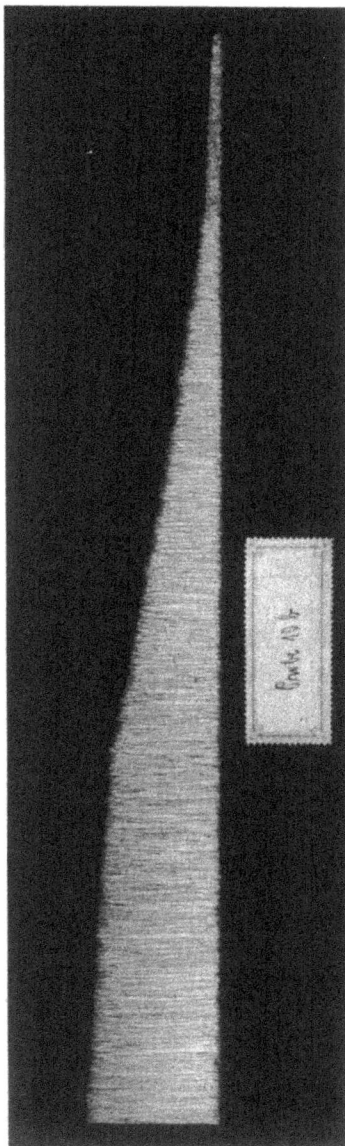

Abb. 21.   Kehrstrecke.

Abb. 22.   Kämmaschine.

### p) Zusammenfassung der Ergebnisse.

Abfälle: Unter Annahme eines mittleren Abfalles in der Spinnerei von 0,75% ergibt die Gesamtabfall-Zusammenstellung:

10,75% für nach Spinnplan 1 (3) gesponnene Garne,
28,46% » » » 2 » » .

Wenn man berücksichtigt, daß die Stapelfaser keine eigentlichen Unreinigkeiten enthält (wie Baumwolle), stellen die erhaltenen Abfallprozente hohe Werte dar, die jedoch durch die schlechte Vorauflösung des Rohgutes, ihren großen Anteil Kurzfasern (Faserknötchen) und die infolge der Verarbeitung einer geringen Versuchsmenge stark anfallenden Reste größtenteils gerechtfertigt sind.

Faserschonung: Obwohl auf diese schon während der Verarbeitung ein besonderes Augenmerk gerichtet worden war, muß sie noch vergrößert werden, was im besonderen durch die bei Beschreibung der einzelnen Verarbeitungsstufen besprochenen Maßnahmen, im allgemeinen durch Verarbeitung mittels weniger Maschinendurchgänge und geringer Durchgangsgeschwindigkeiten des Gutes erreicht werden kann.

Nummernschwankungen: Diese waren größer als bei Baumwolle, was in der schlechten Vorauflösung, in den größeren Wassergehaltsschwankungen und in den technologischen Eigenschaften des Faserstoffes begründet war. Verringert werden können die Nummernschwankungen im allgemeinen durch bessere Vorauflösung, Einhaltung einer gleichmäßigen relativen Feuchtigkeit und Saaltemperatur, Erhaltung der Gleichmäßigkeit des Stapels nach Möglichkeit (Faserschonung!) und genaueste Einstellung der Maschinen (besonders im Vorwerk!).

Flugbildung: Diese war bedeutend größer als bei Baumwollverarbeitung und wird auf den im Stapel vorhandenen größeren Anteil Kurzfasern, die geringere Reibung (Haftung) der Fasern untereinander, ihre größere Reibung auf den Maschinenteilen und ihre größere Steifigkeit zurückgeführt. Verringert werden kann die zu unliebsamen Störungen Anlaß gebende Flugbildung im allgemeinen durch Verhütung der Kurzfaserbildung (Faserschonung!), Glätten aller mit der Faser in Berührung kommenden Teile und gegebenenfalls Verringerung der Durchgangsgeschwindigkeiten des Gutes. Auch ist ein häufiges Putzen der Maschinen unbedingt erforderlich.

Relative Feuchtigkeit und Temperatur: Obwohl bestimmte Normen für beide nicht in Erfahrung gebracht werden konnten, ist es wichtig, einerseits zur Verhütung von Nummernschwankungen beide möglichst konstant zu halten, anderseits zur Vermeidung von Verarbeitungsstörungen eine nicht zu hohe relative Feuchtigkeit und gute Saalwärme anzustreben.

Zylinderbelastungen: Die in den Versuchen verwendeten Belastungen der Zylinder, welche auf das ungedrehte Gut einen Druck bzw. eine Klemmung auszuüben hatten, waren im allgemeinen gegenüber denen bei Baumwollverarbeitung erhöht worden. Wenn auch die ermittelten Werte keine festen darstellen, so ist eine Erhöhung der Zylinderbelastungen jedenfalls erforderlich und auch durch die geringe Reibung von Faser auf Faser erklärlich. Die Zylinderbelastungen in Vorspinnerei und Spinnerei brauchen dann nicht erhöht zu werden, wenn die geringere Faserreibung durch eine entsprechende Drahtgebung einigermaßen ausgeglichen wird (Durchzugswalzen sind bei diesen Betrachtungen ausgenommen).

Drahtgebung: In der Vorspinnerei lagen die Drahtzahlen ungefähr $1/_5$ niederer als für Verarbeitung guter Amerika-Baumwolle (Stapel 28÷30 mm). Berücksichtigt man jedoch den längeren Stapel der Sniafilfaser (42 mm gegenüber 28 mm bei Baumwolle), so entsprechen bei Umrechung auf eine gleiche Stapellänge die Drahtzahlen für Baumwolle ungefähr denen für Stapelfaser $\left(\sqrt{\dfrac{42}{28}} = \text{ungefähr } 1{,}22\right)$. Die so gesponnenen Vorgarne haben sich als genügend fest erwiesen. Bei Verarbeitung sowohl auf dem Ringspinner als auch auf dem Selbstspinner liegen die in den Versuchen angewandten Drahtzahlen ungefähr ebenso hoch als für gute Amerika-Baumwolle, nur daß die Drahtzahl für Sniafilverspinnung fast unabhängig von der jeweiligen Nummer ist; demnach müssen die Sniafilgarne bei Umrechung auf gleichen Stapel um $\sqrt{\dfrac{42}{28}} = \text{ungefähr } 1{,}22$ stärker gedreht werden als Baumwolle (geringe Reibung Faser auf Faser!). Selbstverständlich können die in den Zahlentafeln angeführten Drahtzahlen nicht als Norm betrachtet werden sondern wurden für die Verspinnung der Stapelfaser Sniafil lediglich als günstig befunden.

Erzeugung und Wirkungsgrad: Diese waren jeweils von der betreffenden Verarbeitungsmaschine und ihrer Einstellung abhängig. Zusammenfassend kann gesagt werden, daß gegenüber Baumwollverarbeitung die Wirkungsgrade tiefer lagen und auch die Erzeugungen (ausgenommen bei Vorspinnerei und eigentlicher Spinnerei) geringere waren.

Über die restlichen Versuchsergebnisse kann zusammenfassend nichts gesagt werden.

# IV. Garnuntersuchung.

(Zahlentafeln 12 mit 15.)

### a) Bemerkungen über die Art, Ausführung und Auswertung der Versuche — Zeichenerklärung.

Sämtliche Garnreißproben wurden mittels eines Festigkeitsprüfers von Schopper, ausgerüstet mit selbsttätigem Antrieb und Ölbremse, durchgeführt. Die Einspannlänge betrug 500 mm. (Dehnungsskala 50% = 250 mm.) Aufbau und Wirkungsweise des Apparates werden als bekannt vorausgesetzt.

Bei den Versuchen, deren Ergebnisse in Zahlentafeln 12 mit 15 übersichtlich zusammengestellt sind (Ergebnisse der Garnuntersuchung aus Webereivorwerk, Zahlentafeln 17 und 19), wurde vorgegangen wie folgt: Zur Bestimmung der Garnistnummer (Garnbezeichnung) wurden 10 Kötzer verwendet, wobei von jedem 5 Nummernbestimmungen (je 100 m) gemacht und daraus die Einzelmittel gezogen wurden. Das Hauptmittel (aus 10 Einzelmitteln) ergab die Istnummer, die größte Abweichung der Einzelmittel (bezogen auf das Hauptmittel) die größte Nummernschwankung in % ($NS$). Auf dem Festigkeitsprüfer wurden von jedem Kötzer 10 Reißproben, also insgesamt 100, ausgeführt und daraus das Hauptmittel der Reißkraft in g ($D$) und der Dehnung in % ($E$) gebildet. Ferner wurden in die Zahlentafeln folgende Größen aufgenommen: Reißkraft-Untermittel in g ($U_D$) = Mittel aller Werte, die unter dem Hauptmittel liegen; höchste Reißkraft in g ($H$), mindeste Reißkraft in g ($M$), Reißlänge in m ($R$) = $N_f \cdot 2 \cdot D$, Gütezahl ($D \cdot E$), Ungleichmäßigkeit in % $U = \dfrac{D - M}{D} \cdot 100$, Ungleichmäßigkeit in % $U_0 = \dfrac{D - U_D}{D} \cdot 100$, Gleichmäßigkeitsgrad $\left(\dfrac{M}{D}\right)$, Schwache Stellen ($SS$) < 0,8 $D$, Schnitte ($S$) < 0,5 $D$. — Um eine zahlenmäßige, vergleichende Wertung der Garne durchführen zu können, wurde nach einem besonderen, vom Verfasser erdachten Schema vorgegangen: Es wurden 6 die Güte der Garne positiv (3) und negativ (3) kennzeichnende Größen zu einem Vergleichswert zusammengefaßt. Zu diesem Zwecke wurden nicht die bestehenden, unter einem Gesichtspunkt erscheinenden, absoluten Zahlenwerte unmittelbar eingesetzt sondern letztere in % bezogen auf den jeweiligen Mittelwert aller Ergebnisse. Die Summe dieser Prozentwerte dividiert mit 6 ($Su/6$) liefert dann die erwähnte Vergleichszahl, welche angibt, um wieviel % das betreffende Garn in seiner Gesamtwertung über ($+$) oder unter ($-$) dem Durchschnitt aller Garne einer Gruppe liegt. Die 3 positiven Wertungspunkte waren:

$$\left.\begin{array}{l} + \mathrm{km}_R' \text{ in } \% \\ + E' \quad \text{ in } \% \\ + R' \quad \text{ in } \% \end{array}\right\} \begin{array}{l} \text{jeweils bezogen auf den Mittelwert} \\ \text{aller Ergebnisse einer Gruppe.} \end{array}$$

Die 3 negativen Wertungspunkte waren:

$$\left.\begin{array}{l} - U_0' \quad \text{ in } \% \\ - NS' \quad \text{ in } \% \\ - SS' \quad \text{ in } \% \end{array}\right\} \begin{array}{l} \text{jeweils bezogen auf den Mittelwert} \\ \text{aller Ergebnisse einer Gruppe.} \end{array}$$

Zur Berücksichtigung des guten Laufens der Garne auf den Maschinen, was für die Verarbeitung im Großbetrieb sehr wichtig ist, wurden in das Wertungsschema die $\mathrm{km}_R$ aufgenommen. Um einigermaßen von der Garnnummer unabhängig zu sein, was für einen Vergleich unbedingt erforderlich ist, wurde statt des Reißkraft-Hauptmittels ($D$) die Reißlänge ($R$) verwendet. Selbstverständlich darf die Wertung der Garne nach vorliegendem Schema nur als Annäherung betrachtet werden, insbesondere nachdem einige den Vergleichswert ($Su/6$) bildende Größen nicht ganz von der Garnnummer unabhängig sind: Der Wert $\mathrm{km}_R$ ist beim Spinnen grober Nummern infolge der höheren Garnfestigkeit größer. Die Dehnung $E$ nimmt bei höher werdender Nummer im Verhältnis $\dfrac{1}{\sqrt{N}}$ ab (bei gleichbleibender Drahtzahl!).

Zur besseren Klarlegung folgt ein Beispiel: Versuch 50a — 26,8 Z. Bezogen auf den Mittelwert der gelieferten km/Riß aller Versuche wies vorstehendes Garn nur 90,7% auf (lief also etwas schlechter). Der Dehnungswert lag bei $E' = 106{,}8\%$, war also etwas besser als der Mittelwert der Dehnungen aus allen anderen Versuchen, während der Wert für die Reißkilometer $R' = 98{,}7\%$ etwas niederer lag. Von den negativen Größen besaß die Ungleichmäßigkeit des Garnes ($U_0'$) einen Wert von 79,3%, also eine etwas geringere Ungleichmäßigkeit, bezogen auf das Mittel aus allen Versuchen, die Nummernschwankung ($NS'$) einen Wert von 117,3%, d. h. sie war etwas größer als das Mittel aus allen Versuchen, während die schwachen Stellen im Garn $SS' = 73{,}7\%$ des Mittelwertes der schwachen Stellen aus allen Versuchen aufwiesen. Die Summe der positiven Größen weniger der Summe der negativen Größen dividiert durch 6 ergibt die Vergleichszahl $Su/6 = +4{,}3\%$, d. h. das Garn in seiner Gesamtwertung liegt 4,3% über dem Durchschnitt aller Garne.

## b) Auswertung und Besprechung der Ergebnisse.
### (Zahlentafeln 12 mit 14.)

Für die Garne des Webereivorwerks (Spulerei-Zettlerei-Schlichterei) erfolgt dieselbe unter »Verarbeitung im Vorwerk und in der Weberei«. Zur Vermeidung einer zu großen Weitläufigkeit seien folgend nur die extremen Fälle besprochen, insbesondere weil bei der Auswertung von 30 Versuchen unzählige Vergleichsmöglichkeiten gegeben sind.

Ringspinner (Zahlentafel 12 u. 13): Die besten Ergebnisse zeitigte hier das in Versuch 25b (Zahlentafel 13) nach Spinnplan 2 gesponnene Schußgarn ($N_f = 37,2$). Erreicht wird der gute Vergleichswert von $Su/6 = +29,6\%$ hauptsächlich durch den hohen Wert von $km'_R = 265,6\%$ und den niederen Wert von $NS' = 56,1\%$; dieser Erfolg dürfte in der besonders geeigneten Spinnmaschine (große Streckwerksneigung) und dem Spinnplan 2 (gekämmt) begründet sein. Die schlechtesten Ergebnisse wies das in Versuch 22a (Zahlentafel 12) nach Spinnplan 1 gesponnene Zettelgarn ($N_f = 27,1$) auf. Die Erklärung für den niederen Vergleichswert von $Su/6 = -51,8\%$ (schlechtester Wert überhaupt) wurde schon unter »Ringspinner« (Auswertung der Versuche) abgegeben. Die günstigsten Zahlenwerte wurden jeweils erreicht für:

$km'_R = 278,4\%$ bei Versuch 39b (Zahlentafel 13).
(Begründung: Spinnplan 5; geeignete Spinnmaschine!)

$E' \quad = 125,6\%$ bei Versuch 49a (Zahlentafel 12).
(Begründung: Nicht einwandfrei möglich!)

$R' \quad = 122,4\%$ bei Versuch 37a (Zahlentafel 12).
(Begründung: Nicht einwandfrei möglich!)

$U_0' \quad = 53,4\%$ bei Versuch 31a (Zahlentafel 12).
(Begründung: In erster Linie grobe Nummer!)

$NS' \quad = 41,8\%$ bei Versuch 27b (Zahlentafel 13).
(Begründung: Nicht einwandfrei möglich!)

$SS' \quad = 0\%$ bei Versuch 31a (Zahlentafel 12).
(Begründung: Hohe Drahtzahl, geringe Ungleichmäßigkeit des Garnes!)

Selbstspinner (Zahlentafel 14): Die besten Ergebnisse lieferte hier das in Versuch 53a nach Spinnplan 4 gesponnene Garn ($N_f = 19,8$). Der gute Vergleichswert von $Su/6 = +52,8\%$ (bester Wert überhaupt!) wurde erreicht besonders durch den sehr hohen Wert von $km'_R = 361,2\%$ und den allgemein guten Ausfall der übrigen Werte und dürfte in der geeigneten Spinnmaschine (Selbstspinner: umspannter Bogen am Zyl. I des Streckwerks $= 0$), dem Spinnplan 4 (wenig Maschinendurchgänge) und der groben Nummer begründet sein. Den schlechtesten Vergleichswert von $Su/6 = -7,2\%$ lieferte hier das in Versuch 54b nach Spinnplan 5 gesponnene Garn ($N_f = 25,5$), obwohl der Vergleichswert bezogen auf alle anderen Versuchsergebnisse ziemlich in der Mitte liegt. Die günstigsten Zahlenwerte wurden jeweils erreicht für:

$km_R' = 361,2\%$ bei Versuch 53a.
    (Begründung siehe vorher!)

$E' = 134,8\%$ bei Versuch 48b.
    (Begründung: Nicht einwandfrei möglich!)

$R' = 98,9\%$ bei Versuch 47b.
    (Begründung: Nicht einwandfrei möglich, besonders infolge geringer Abweichung vom Mittelwert!)

$U_0' = 85,5\%$ bei Versuch 53a.
    (Begründung siehe vorher!)

$NS' = 50,5\%$ bei Versuch 40b.
    (Begründung: Nicht möglich, da Vorversuch!)

$SS' = 0\%$ bei Versuch 41b.
    (Begründung: Nicht möglich, da Vorversuch!)

Aus dem Vergleich der einzelnen Werte der Zahlentafeln geht im allgemeinen hervor, daß gröbere Garne bessere Ergebnisse als feinere, und Garne aus gekämmtem Gut bessere als solche aus ungekämmtem liefern. Auch ist die Güte der Garne stark von der Art und Ausführung der Spinnmaschine und ihrer Einstellung abhängig und muß deshalb bei Begründung der Ergebnisse, soweit diese überhaupt einwandfrei möglich ist, außerordentlich vorsichtig vorgegangen werden. Im übrigen wird auf die früher unter »Auswertung der Versuche« (bei Ring- und Selbstspinner) durchgeführte Kritik der Versuche verwiesen.

### c) Abhängigkeit der Garneigenschaften vom Wassergehalt.
#### (Zahlentafel 15.)

Durchführung der Versuche: Verwendet wurde das in Versuch 38a nach Spinnplan 4 gesponnene Zettelgarn ($N_f = 25,8$). Es wurden jeweils 5 Stränge zu je 100 m abgehaspelt, im Trog ungefähr 2 min mit kaltem Wasser genäßt und hierauf nach ihrem Aufschneiden an der Luft (aufgehängt) kürzer oder länger trocknen gelassen. Auf diese Weise wurde ein verschieden starker Wassergehalt der Garne erreicht und dieser nach Abschneiden der nässeren Enden der Stränge im elektrischen Trockengehaltsprüfer von Henry Baer & Co., Zürich (Modell Standard) bestimmt (verwendet wurde die Hälfte der Stränge). Aufbau und Wirkungsweise des Apparates werden als bekannt vorausgesetzt. Gleichzeitig wurde die restliche Hälfte der 5 Stränge auf dem Festigkeitsprüfer von Schopper zerrissen, wobei von jedem Strang 20, also insgesamt 100 Proben (je Versuch) durchgeführt wurden. Im übrigen erfolgte die Ermittlung der Ergebnisse nach denselben Gesichtspunkten wie bei den anderen Garnuntersuchungen. Um den Einfluß der Luftfeuchtigkeit und Lufttemperatur (bzw. des Wassergehaltes der Luft) zu verringern, war bei jedem Reißversuch der Wassergehalt der Luft ermittelt und von den 30 Versuchen ($W_L = 10{,}4 \div 18{,}6$ g/m³) nur die bei geringeren Wassergehaltsschwankungen der Luft aufgenommenen 15 ($W_L = 14{,}8 \div 18{,}6$ g/m³) verwendet worden. Zum Vergleich zu diesen Reißversuchen des feuchten Garnes wurde noch je 1 Reißversuch des luftfeuchten (nicht genäßten) Garnes und des nassen (nicht getrockneten) Garnes durchgeführt. Sämtliche Ergebnisse sind in Zahlen-

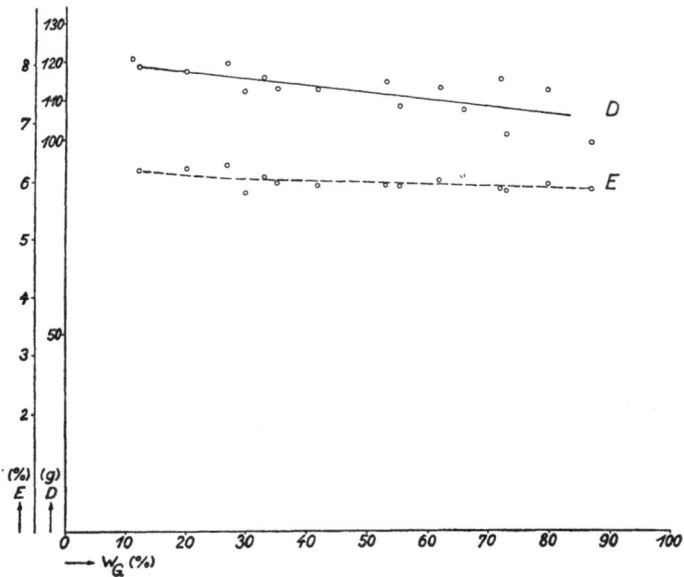

Abb. 23. Abhängigkeit der Garn-Reißkraft und der Garn-Dehnung
vom Wassergehalt (zu Zahlentafel 15).

tafel 15 übersichtlich zusammengestellt und außerdem in Abb. 23 die Abhängigkeit der Garnreißkraft und Garndehnung vom Wassergehalt graphisch veranschaulicht.

Auswertung der Versuche: Eine Gegenüberstellung der Reißkraft und Dehnung des luftfeuchten und nassen Garnes ergibt:

|   | luftfeucht ($W_G = 11{,}2\%$) | naß ($W_G = 255{,}3\%$) | Abweich. | Abweich. |
|---|---|---|---|---|
| D | 121,6 g | 86,6 g | — 35 g | $= -28{,}8\%$ |
| E | 4,85% | 5,33% | +0,48% | $= +\ 9{,}9\%.$ |

Demnach beträgt die Naßfestigkeit **71,2**% der Festigkeit des untersuchten luftfeuchten Garnes ($N_f = 25,8$), (Naßfestigkeit für Baumwollgarn ungefähr 137%). Aus Abb. 23 geht deutlich hervor, daß die Reißkraft $D$ und Dehnung $E$ mit zunehmendem Wassergehalt (beim feuchten Garn!) langsam und ungefähr linear abnehmen. (Baumwollgarn zeigt umgekehrtes Verhalten!) Die Abnahme der Garnfestigkeit dürfte in einer Verminderung der Substanzfestigkeit und vielleicht auch Faserreibung, die Verminderung der Dehnung in den Quellungserscheinungen begründet sein (siehe unter Physikalische und technologische Eigenschaften S. 11). Auffallend ist ferner die Vermehrung der schwachen Stellen mit zunehmendem Wassergehalt, welche schwer erklärlich ist, vielleicht aber auf eine wachsende Inhomogenität der Substanz zurückgeführt werden dürfte und die plötzliche Zunahme der Dehnung des feuchten (etwas nachgetrockneten!) Garnes gegenüber dem luftfeuchten, welche auch bei früheren Versuchen mit Viskosestapelfasergarn (Kammgarnverfahren) von anderer Seite (23) gefunden wurde, aber nicht einwandfrei begründet werden kann, obwohl beim feuchten (nachgetrockneten) Garn eine Längenverkürzung gegenüber dem luftfeuchten gemessen wurde.

# V. Verarbeitung im Vorwerk und in der Weberei.

## a) Bemerkungen über die Art und Ausführung der Versuche.

Im allgemeinen gilt das unter »Bemerkungen über die Art und Ausführung der Versuche« bei Verarbeitung in der Spinnerei Gesagte. Jedoch mußte hier die Anzahl der Versuche in besonders engen Grenzen gehalten werden, weil die jeweils benötigte Garnmenge beträchtlich war. Die Versuche erstreckten sich über die Umspulerei, Zettlerei, Schlichterei und Weberei. Die Versuchsaufnahmen dehnten sich jeweils aus in der Umspulerei, Zettlerei, Schlichterei über mindestens die Zeit zur Herstellung einer Ablieferung und in der Weberei über mindestens 3 Tage (im allgemeinen 5). Nach der Umspulerei, Zettlerei und Schlichterei wurde jeweils eine Garnuntersuchung eingeschaltet, welche in der früher beschriebenen Art und Weise durchgeführt wurde. Eine Untersuchung der fertigen Rohgewebe in bezug auf Festigkeit und Dehnung konnte in Ermanglung der notwendigen Apparate nicht durchgeführt werden. Um die Übersichtlichkeit der Arbeit zu fördern, wurden sämtliche bei den einzelnen Verarbeitungsstufen unter gleichen Gesichtspunkten erscheinenden Zahlenwerte in Zahlentafeln geordnet, und folgt die Erklärung der in ihnen enthaltenen Abkürzungen. Die Versuche im Vorwerk und in der Weberei wurden nicht laufend weiternumeriert, sondern die Versuchsbezeichnung aus der Feinspinnerei für die Verarbeitung der betreffenden Garne bis in die Weberei beibehalten. Die Messung bzw. Aufnahme der einzelnen Versuchsgrößen wurde vorgenommen wie folgt:

In der Umspulerei und Zettlerei (Zahlentafel 16 u. 17): Die Fadenzahl je Rolle (Schärbaum) — in der Zettlerei — ($F_{Ro}$) durch Auszählen; die Aufnahme und Abkürzung aller übrigen Versuchsgrößen erfolgte wie bei Verarbeitung in der Spinnerei beschrieben. (Garnuntersuchung und Auswertungsschema wie früher.)

In der Schlichterei (Zahlentafel 18 u. 19): Die verschiedenen bei den Versuchen angewandten Schlichten wurden laufend mit römischen Ziffern (I ÷ V) bezeichnet; die Gesamtfadenzahl $F_G$ errechnete sich aus der Zahl der aufgelegten Rollen ($Z_{Ro}$) und Fadenzahl je Rolle ($F_{Ro}$); die Anzahl »Tragen« ($Tr$) bestimmte sich nach der Formel $Tr = \dfrac{F_G}{40}$, die

Einlänge in m ($L_e$) war mittels einer Meßuhr schon in der Zettlerei an einer der Rollen bestimmt und gezeichnet worden. Die Auslänge in m ($L_a$) wurde mittels einer am Auslauf der Maschine angebrachten und mit Zähluhr verbundenen Meßwalze ermittelt, indem die Uhr beim Durchgehen des Anfangszeichens der Einlänge auf 0 gestellt und beim Durchgehen des Endzeichens abgelesen wurde. Die Dehnung des Garnes auf der Maschine in % ($E_L$) errechnete sich aus dem Unterschied der Aus- und Einlänge, bezogen auf die Einlänge. Die Gewichte in g des Eingutes ($G_e$) und des Ausgutes ($G_a$) wurden auf einer Dezimalwaage, der Wassergehalt in % ($W_G$) des Eingutes und des Ausgutes in früher beschriebener Weise auf dem elektrischen Trockengehaltsprüfer ermittelt. Der Schlichtgehalt in % (*Schlg*) wurde als Differenz der vorher errechneten Trockengewichte des Ein- und Ausgutes, bezogen auf das Trockengewicht des Eingutes, bestimmt. Die minutliche Lieferung in m (*l*) wurde in der früher beschriebenen Weise gemessen und der Dampfdruck der großen Trommel in at (*P*) an einem Druckmesser direkt abgelesen. Von einer Aufnahme der relativen Feuchtigkeit und der Temperatur wurde in der Schlichterei abgesehen. Die Garnuntersuchung wurde wie früher durchgeführt, nur mit dem Unterschied, daß zusätzlich die Abweichungen der Reißkraft ($Abw_D$) und Dehnung ($Abw_E$) der geschlichteten Fäden in $\pm$ %, bezogen auf die Reißkraft und Dehnung der von der Spinnerei gelieferten Garne, in die Zahlentafeln aufgenommen wurden. Ein Vergleich mit den von der Zettlerei gelieferten Fäden war wegen der wenigen dort durchgeführten Versuche (2) unzweckmäßig. Für die Auswertung diente wieder das früher besprochene Schema, wobei hier ausdrücklich betont werden muß, daß die Vergleichswerte (*Su*/6) hier weniger eine Kritik der Schlichterei sondern mehr einen absoluten Vergleich der in der Weberei laufenden Kettgarne ($km_R$!) ermöglichen sollen. Für die Bildung der Werte $km_R'$ wurden die auf Zahlentafel 20 mit *) bezeichneten Versuche herangezogen.

In der Weberei (Zahlentafel 20): Das System des Stuhles — Oberoder Unterschlag — wurde mit *O* bzw. *U* bezeichnet. Die Bindung des Gewebes wurde wie üblich benannt und seine Einstellung in Kette und Schuß für $1/4$ Zoll franz. ermittelt. Die Garnbezeichnung gibt die in Kette und Schuß verwendeten Garnnummern an, wobei für Baumwollketten die zusätzliche Bezeichnung *B* gewählt wurde. Die Versuchsbezeichnung setzte sich aus den in der Feinspinnerei (für Kett- und Schußgarn) verwendeten Versuchsbenennungen zusammen, wobei Parallelversuche zusätzlich mit Index 1, 2 usw. bezeichnet wurden. Zur Vervollständigung wurden folgende Größen aus den vorhergehenden Zahlentafeln übertragen: Tragenzahl (*Tr*); Schlichte (*Schl*); Schlichtegehalt in % (*Schlg*). Die Einwebung der Tuchbreite in % ($Einw_{Br}$) bestimmte sich aus Differenz der Blattbreite bzw. Einzugsbreite im Blatt ($Br_B$) und Tuchbreite ($Br_T$), bezogen auf die Tuchbreite. Die Einwebung der Länge in % (Einw$_L$) ergab sich aus Differenz der Einlänge ($L_e$) und Auslänge ($L_a$,) bezogen auf die Auslänge. Das Quadratmetergewicht in g/m² ($G_{m^2}$) wurde durch Wägung ermittelt. Der Wirkungsgrad des Stuhles in % ($\eta$) wurde hier nicht wie in der Spinnerei geschätzt, sondern errechnete sich aus der effektiven minutlichen Drehzahl des Stuhles ($n_e$) — ermittelt aus Stuhluhr — bezogen in % auf die wirkliche minutliche Drehzahl des Stuhles ($n$) — gemessen mit »Hasler«-Universal-Handtourenzähler. Ermittelt wurden ferner noch die stündliche Erzeugung in m ($Er$), der Schußabfall in % ($A_s$), die Fadenrisse je km im Zettel ($R_{km\,Z}$), die Fadenrisse je km im Schuß ($R_{km\,S}$) und aus beiden letzteren die Risse je m Gewebe ($R_m$):

$$R_m = \frac{F_G \cdot (100 + L_{\text{Einweb}})}{100\,000} \cdot R_{km\,Z} + \frac{\text{Stellung} \cdot 4 \cdot 100 \cdot Br_B}{2,7 \cdot 100\,000} \cdot R_{km\,S}.$$

Die restlichen Größen, wie relative Feuchtigkeit ($F$), Temperatur ($T$) und Wassergehalt der Luft ($W_L$) wurden in der früher beschriebenen Weise ermittelt. Zugrunde gelegt war bei den Versuchsaufnahmen eine 4-Stuhlbedienung.

### b) Spulerei — Zettlerei.
(Versuch 52a, 38a, 50a, 49a; Zahlentafel 16 u. 17.)

Maschinen: Schlitztrommel-Spulmaschine von Schlafhorst vom Jahre 1924 mit 116 Spulstellen. — Zettelmaschine mit Aufsteckrahmen von Schlafhorst, ebenfalls vom Jahre 1924.

Einstellung: Gegenüber Baumwollverarbeitung war eine besondere Einstellung der Maschinen nicht notwendig bis auf Befolgung des Grundsatzes, die Reibung des Fadens möglichst zu verringern, um sein unnötiges, leicht eintretendes Aufrauhen zu vermeiden.

Durchführung der Versuche: Umspulerei: Gespult wurden nur kardierte Garne mittlerer Nummern ($N_f = 20,4 \div 29,6$). Die Gewichte einer Ablieferung ($G_{Li}$) und die Zeiten ($t_{Li}$) waren verschieden und richteten sich nach der Größe des herzustellenden Zettels (bzw. nach der vorhandenen Garnmenge). Der Wirkungsgrad wurde zu $\eta = 75 \div 80\%$ geschätzt. Schwierigkeiten bei der Verarbeitung traten nicht ein. — Zettlerei: Die vorhin gespulten Garne wurden hier in entsprechender Weise auf Bäume gezettelt. Der Wirkungsgrad konnte zu $\eta = 85\%$ angenommen werden. Die Risse je km ($R_{km}$) lagen wesentlich tiefer als in der Umspulerei. Im übrigen zeigte sich gegenüber Baumwollverarbeitung auch hier kein merklicher Unterschied und traten keine Schwierigkeiten ein.

Auswertung der Versuche: Infolge der geringen Abweichung vom Baumwollverfahren wurde es als genügend erachtet, in der Umspulerei und Zettlerei nur je 2 Garnuntersuchungen durchzuführen, deren Ergebnisse jedoch infolge verschiedener Voraussetzungen (verschiedene Garne) nicht einwandfrei zueinander in Beziehung gesetzt werden können, obwohl hier dieser Versuch gemacht wurde. Mit Bestimmtheit kann jedoch gesagt werden, daß die Vergleichswerte der Umspulerei (*Su*/6) gegenüber denen der Zettlerei (bei gleichen Garnen) immer ungünstiger ausfallen müssen (wie auch hier), was in der größeren Fadenrißzahl je km in der Umspulerei begründet ist (Zahlentafel 16!). Erfahrungen aus den übrigen Versuchsergebnissen der Zahlentafel 16 konnten nicht abgeleitet werden. Um die gegenüber Baumwollverarbeitung etwas größere Fadenrißzahl in Spulerei und Zettlerei herabsetzen zu können, werden (besonders bei Verarbeitung feiner Garne) folgende Maßnahmen empfohlen:

1. Verminderung der Fadendurchgangs-Geschwindigkeiten.
2. Weitgehendste Verringerung der Fadenreibung.
3. Verhütung des Schlagens aller sich drehenden, mit der Faser in Berührung kommenden Teile, insbesondere der Trommel und des Baumes in der Zettlerei (Auswuchtung!).

### c) Schlichterei.
(Versuch 38a, 52a, 49a, 50a; Zahlentafel 18 u. 19.)

Vorversuche: Diese brachten anfangs sehr viel Mißerfolge (brüchige Ketten) und ließen erkennen, daß die Beachtung nachstehender Punkte für den Erfolg eine Voraussetzung bildete:

1. Verwendung einer dünnen Schlichte.
2. Kein Eintauchen des Garnes in die Schlichte.
3. Keine zu scharfe Trocknung.

Maschine: Dampftrocken-Schlichtmaschine (2 Trommeln) von Rüti vom Jahre 1905. Aufbau und Wirkungsweise der Maschine werden als bekannt vorausgesetzt.

Einstellung: Gegenüber Baumwollverarbeitung unterschied sie sich in folgenden Punkten: Zur Verhütung einer zu großen Fadendehnung auf der Maschine war das Garn auf Bäume mit großem Kerndurchmesser gezettelt und deren Bremsung nach Auflegen an der Schlichtmaschine möglichst gering eingestellt worden — von Versuch III, 38a an. Das Tauchwalzenpaar wurde so weit hochgekurbelt, daß das Garn nicht mehr in die Schlichte eintauchte, sondern nur mit der von den Walzen mitgenommenen Schlichtemenge in Berührung kam. Zum Glätten des mit Schlichte befeuchteten, an und für sich etwas rauhen Zettels wurden mit Filz überzogene Streichlatten vor den Trommeln eingelegt. Zur Verhütung einer zu scharfen Trocknung wurde die Dampfzufuhr zur kleinen Trommel ganz ausgeschaltet und diejenige zur großen Trommel etwas gedrosselt. Die minutliche Lieferung (*l*) wurde bei den einzelnen Versuchen verschieden eingestellt. Der Windflügel wurde zur besseren Nachtrocknung etwas vergrößert.

Durchführung der Versuche: Es wurden 8 Versuche mit 5 verschiedenen Schlichten durchgeführt, welche ihrer Anwendungsfolge gemäß laufend mit römischen Ziffern (I÷V) bezeichnet wurden. Die Zusammensetzung der Schlichten, jeweils bezogen auf 1000 l Wasser, wird folgend nur in allgemeiner Form bekanntgegeben und dazu bemerkt, daß die für Stapelfaser verwendeten Schlichten gegenüber denen für Baumwolle grundsätzlich bedeutend leichter (dünnflüssiger) waren, was durch Herabsetzung des Anteils stärkehaltiger, als Klebemittel dienender Stoffe und Erhöhung des Anteils geschmeidig und glattmachender Stoffe (Fette, Öle, Wachsarten, Seifen) im wesentlichen erreicht wurde:

Schlichte I: 15 kg stärkehaltige Substanz,
7,5 » stärkefreies, neutrales Pflanzenpräparat,
0,5 » ölhaltige Emulsion (auf Basis von Pflanzengummi hergestellt),
7,5 l Pflanzenöl.

Schlichte II: 12 kg stärkehaltige Substanz,
2 » stärkefreies, neutrales Pflanzenpräparat,
0,4 » ölhaltige Emulsion,
8 l Pflanzenöl.

Schlichte III: 20 kg stärkehaltige Substanz,
7,5 » fetthaltige Substanz,
2,5 » Wachsart,
2,5 » Seifenart.

Schlichte IV: 13,3 kg stärkehaltige Substanz,
2 » stärkefreies, neutrales Pflanzenpräparat,
3,3 » ölhaltige Emulsion,
2,66 » Glyzerin,
10 l Pflanzenöl.

Schlichte V: 8 kg stärkefreies, neutrales Pflanzenpräparat,
8 » Maltose-Extrakt,
2 » Kristallsoda,
2 l Pflanzenöl.

Die Schlichteflotten wurden, wie bei Baumwollverarbeitung üblich in großen, hölzernen, mit Rührwerk versehenen Bottichen aufbereitet (kurz gekocht) und in lauwarmem Zustand in den Schlichtetrog abgeleitet. Während des Versuchs mußte darauf geachtet werden, bei geringer Temperatur (geringem Dampfdruck) eine gute Trocknung zu erzielen, was teilweise nur durch Herabsetzung der Durchgangsgeschwindigkeit des Gutes möglich war. Bis auf den in Versuch III, 52a geschlichteten Zettel ($F_G = 4284$) wiesen alle eine mittlere Fadenzahl auf ($F_G = 2180$

$\div$ 2675). Zur Erzielung einer guten Meßgenauigkeit wurde eine nicht zu geringe Kettlänge (etwa 300 m) angestrebt. Die Dehnung ($E_L$) und der Schlichtgehalt (*Schlg*) der Garne fiel bei einzelnen Versuchen ziemlich verschieden aus. Mit Ausnahme des 1. Schlichtversuches I, 38a wurde der Dampfdruck der großen Trommel mittels eines Sicherheitsventils unter $P = 1,3$ at gehalten. Die Abfälle betrugen (bei einer Zettellänge von 300 m) ungefähr 2%, würden jedoch bei Verarbeitung im Groß-betrieb bedeutend niedriger ausfallen. Die Versuchsergebnisse sind in Zahlentafel 18 übersichtlich zusammengestellt (Garnuntersuchung Zah-lentafel 19).

Auswertung der Versuche: Als erster durchgeführter weist Schlichtversuch I, 38a die größte Längung auf der Maschine von $E_L = 5,14\%$ auf und Versuch III, 38a die geringste (günstigster Wert) von $E_L = 2,43\%$, was in erster Linie auf die von hier an stattfindende Verwendung von Zettelrollen mit großem Durchmesser und leicht ein-gestellte Bremsung zurückgeführt wird. Aus der Garnuntersuchung (Zahlentafel 19) geht jedoch hervor, daß die Summe aus Rißdehnung der geschlichteten Fäden ($E$) und Längung der Fäden auf der Maschine ($E_L$) bedeutend größer ausfällt als die ursprünglich zur Verfügung stehende Rißdehnung der ungeschlichteten Garne; dieser Umstand dürfte be-sonders auf die Längung des Fadens infolge Quellung zurückzuführen sein. Ferner geht aus Zahlentafel 18 hervor, daß der Schlichtgehalt bei langsameren Durchgangsgeschwindigkeiten des Zettels infolge der län-geren Berührungsdauer mit der Schlichte höher ist (ausgenommen Ver-such I, 38a). Zur theoretischen, von den vorliegenden Garnen unab-hängigen Wertung der einzelnen Schlichtversuche dienen die in Zahlen-tafel 19 errechneten Abweichungen in $\pm^0/_0$ der Reißkraft und Dehnung der geschlichteten Fäden von denen der ungeschlichteten: Versuch V, 50a besitzt die höchste Reißkraftzunahme von $\mathrm{Abw}_D = + 12,88\%$, Versuch IV, 38a die geringste Dehnungsabnahme von $\mathrm{Abw}_E = - 5,2\%$. Zum praktischen Vergleich der geschlichteten Zettel, unter Berück-sichtigung des Laufens in der Weberei ($\mathrm{km}_R$!), dient das in Zahlentafel 19 gebrachte, unter »Garnuntersuchung« erklärte Wertungsschema (ab-hängig auch von der Güte der Garne!). Demnach zeigte Versuch III, 38a den günstigsten Vergleichswert von $Su/6 = + 29,3\%$, der sich in-folge des guten Laufens in der Weberei und der geringen Anzahl schwa-cher Stellen im Garn ergab. Jedoch lieferten auch die mit Schlichte IV und V behandelten Kettgarne gute Vergleichswerte. Infolge der ge-ringen Versuchszahl und der wechselnden Voraussetzungen kann eine einwandfreie Wertung der verschiedenen Schlichtzusammensetzungen nicht durchgeführt werden, obwohl ganz allgemein erkannt wurde, daß die Schlichten mit größerem Anteil geschmeidig machender Stoffe (Fette, Öle, Wachsarten, Seifen) und geringerem Anteil als Klebemittel dienen-der, stärkehaltiger Stoffe (III, IV, V) sich gut bewährten. Diese Erkenntnis dürfte dadurch bestätigt werden, daß gegenüber Baumwollgarnen bei den Stapelfasergarnen infolge ihrer rauheren Oberfläche, großen Längung im feuchten Zustand (Quellung!) und leichtem Sprödwerden bei zu starker Trocknung (notwendig bei starker Schlichtung) lediglich eine Oberflächenschlichtung angestrebt werden muß. — Obwohl die Dampftrockenschlichtmaschine mit den vom Baumwollverfahren abweichenden, erwähnten Einstellungen (bzw. Abänderungen) sich als brauchbar erwiesen hat, scheint dem Verfasser in bezug auf Trocknung die Lufttrockenmaschine doch noch als besser geeignet, insbesondere da bei ihr eher eine langsame, stufenweise Trocknung möglich ist, ohne daß wie bei der Dampftrockenschlichtmaschine bei zu gering eingestelltem Dampfdruck ein Kleben der feuchten Fäden an den Trommeln befürchtet werden muß.

### d) Weberei.

(Versuch 38a/47b, 52a/53a, 38a/39b$_{1)}$, 38a/39b$_{2)}$, 49a/48b$_{1)}$, 49a/48b$_{2)}$, 38a/39b$_{1)}$, 38a/39b$_{2)}$, 38a/39b$_{3)}$, B/54b, B/55b. — Zahlentafel 20.)

Vorversuche: Diese bezweckten, die richtige Einstellung und entsprechende Maßnahmen für einen guten Lauf des Stuhles aufzufinden und so für die eigentliche Versuchsaufnahme eine gewisse Gleichförmigkeit zu schaffen.

Stühle: Verwendet wurden nur 2 Bauarten: Unterschlagstühle von Platt aus dem Jahre 1896, ein Oberschlagstuhl von Honegger aus dem Jahre 1895; ihre Blattbreiten (eingezogen) und minutlichen Drehzahlen sind aus Zahlentafel 20 ersichtlich. Im übrigen werden Aufbau und Wirkungsweise der Stühle als bekannt vorausgesetzt.

Einstellung: Entsprechend der gegenüber Baumwolle geringeren bleibenden (elastischen) Dehnung und dem rauheren Charakter der Ketten wurden folgende Änderungen bzw. Einstellungen bewerkstelligt: Durch Verringerung der Bremsgewichte wurde die Kette sehr leicht gespannt, um so die Dehnung des Garnes weniger zu beanspruchen. Zur Verhütung des sehr schädlichen weiteren Aufrauhens der Kette wurde ihre Reibung nach Möglichkeit verringert, was erreicht wurde durch drehbare Lagerung des vorher festen Streichbaumes, Einbau polierter Teilschienen (solche aus Glas hatten sich als zu schwer erwiesen!), Polieren der Lade und Abhaltung des Fluges vom Kettbaum durch ein darüberhängendes Tuch. Zur Vergleichmäßigung der Spannung war das Rauhblech doppelspiralig auf den Rauhbaum aufgezogen und für dreischäftige Ware 3 Teilschienen verwendet worden. Als Breithalter wurden solche mit ganz feinen Stahlspitzen verwendet. Bei sämtlichen Webversuchen waren Kettfadenwächter verwendet worden.

Durchführung der Versuche: Es wurden Gewebe in folgenden drei Bindungsarten hergestellt: glatt, Croisé (vierbindiger Doppelköper),

Milanaise (dreibindiger Schußköper). Versuchsaufnahmen über den mit Schlichte I vorbereiteten Zettel waren nicht gemacht worden. Bei den Parallelversuchen wurde darauf geachtet, daß sie jeweils auf dem gleichen Stuhl durchgeführt wurden. Versuch 38a/39b$_{1)}$ unterschied sich von 38a/39b$_{2)}$ durch den in ihm verwendeten, schlecht getrockneten, noch feuchten Zettel ($\eta$!), Versuch 49a/48b$_{1)}$ von 49a/48b$_{2)}$ durch das benutzte höhere Lamellengewicht von 1,7 g gegenüber 1,4 g und die geringere Schußzahl ($R_{km\,z}$!). Ausgenommen die Versuche 38a/47b, 49a/48b$_{1)}$ und B/54b, in denen Lamellen zu 1,7 g verwendet wurden, waren nur Lamellen mit 1,4 g je Stück in die Kettfadenwächter eingebaut worden. Versuch 38a/39b$_{3)}$ unterschied sich von 38a/39b$_{4)}$ durch die niedere minutliche Drehzahl von $n = 161$ gegenüber $n = 190$, Versuch 38a/39b$_{5)}$ von 38a/39b$_{3)}$ durch die andere Schlichtung des Zettels (V gegenüber IV). — Von den beiden durchgeführten Versuchen mit Baumwollketten, deren Vorbereitung im Vorwerk nicht aufgenommen worden war, fehlt bei B/55b die Versuchsaufnahme des Schußgarnes 55b in der Spinnerei. Bei Verwebung von Stapelfaserketten wurde mit Ausnahme des Versuches 38a/39b$_{2)}$ eine niedere minutliche Drehzahl der Stühle von $n < 162$ eingehalten. Entsprechend den verschiedenen Voraussetzungen schwankten die Werte für Wirkungsgrad, Schußabfall und Fadenrisse stark. Sämtliche Versuchsergebnisse sind in Zahlentafel 20 übersichtlich zusammengestellt. Auffallend gegenüber Baumwollverarbeitung war wiederum die starke Flugbildung. Im Vergleich zu Baumwollgeweben zeichneten sich die Stapelfasergewebe durch ihre größere Reinheit und ihren weicheren Griff aus.

Auswertung der Versuche: Wie unter »Bemerkungen über die Art und Ausführung der Versuche« erwähnt, konnten Gewebe-Zerreißversuche nicht durchgeführt werden; es kann deshalb eine Auswertung der Gewebe nicht stattfinden sondern nur eine solche der verschiedenen Webversuche. Parallelversuche: Versuch 38a/39b$_{1)}$ veranschaulicht deutlich gegenüber Versuch 38a/39b$_{2)}$ durch ungünstige Werte von $\eta$ und $R_{km\,z}$ das schlechte Laufen der ungenügend getrockneten Kette (Naßfestigkeit!). In Versuch 49a/48b$_{2)}$ überwiegt gegenüber Versuch 49a/48b$_{1)}$ der größere Wert von $R_{km\,S}$ infolge dichterer Stellung den niedereren Wert von $R_{km\,z}$ infolge leichterer Lamellen, so daß der Wert für $R_m$ größer ausfällt. Versuch 38a/39b$_{4)}$ ergibt gegenüber 38a/39b$_{3)}$ einen bedeutend niedereren Wirkungsgrad, der jedoch nicht der höheren Drehzahl des Stuhles ($n$), sondern dem Umstand zugeschrieben werden muß, daß die Arbeiterin infolge Auslaufens zweier anderer Stühle nicht mehr recht nachkam. Gleichzeitig ist aus dem Vergleich beider Versuche zu entnehmen, daß die auf $n = 190$ erhöhte minutliche Drehzahl sich in bezug auf Fadenrisse nicht nachteilig auswirkte ($R_m$!), welcher Umstand vielleicht aber dem geringen Wassergehalt der Luft $W_L =$

11,24 g/m³ verdankt werden dürfte. Ein Vergleich von Versuch 38a/39b)$_2$, 38a/39b$_3$) und 38a/39b$_5$) ergibt einen Unterschied der Werte $R_{km\,z}$ zugunsten von Schlichte III. (Siehe auch Zahlentafel 19: km$_R'$!) Versuch 38a/47b wies infolge zu weich gesponnener Kötzer einen außerordentlich großen Schußabfall von $A_s = 20\%$ und eine hohe Fadenrißzahl von $R_{km\,S} = 1,4$ auf; auch ergab er den schlechtesten Wirkungsgrad von $\eta = 61,3\%$. Den besten Wirkungsgrad von $\eta = 87,5\%$ bei Verwebung von Stapelfaserketten zeigte Versuch 49a/48b$_2$), obwohl diesen, beurteilt nach der geringsten Fadenrißzahl, eigentlich Versuch 38a/39b$_2$) besitzen müßte (Schlichte III!). Versuch B/55b erzielte insgesamt die besten Werte: $Er = 3,36$ m/h, $\eta = 96,2\%$, $R_{km\,z} = 0,271$, welche auf die verwendete Baumwollkette (gekämmt!) zurückgeführt werden. Die höchste Fadenrißzahl in der Kette ergab Versuch 52a/53a, was in erster Linie auf den ungenügend getrockneten Zettel zurückzuführen ist. Auswertend können die restlichen Versuchsergebnisse wie auch Einwebung, Schlichtgehalt, relative Luft-Feuchtigkeit und -Temperatur infolge geringer Abweichungen oder unerklärlicher Schwankungen der einzelnen Werte nicht besprochen werden. (Auswertung der geschlichteten Ketten unter Berücksichtigung des Laufens in der Weberei siehe Zahlentafel 19.)

Zusammenfassend ist zu sagen, daß die Herstellung von sauber aussehenden Sniafilgeweben verschiedener Bindungen im Großbetrieb, wenn auch nicht mit derselben hohen Erzeugung und demselben günstigen Wirkungsgrad wie in der Baumwollweberei, doch wohl möglich erscheint, falls die unter Einstellung besprochenen Maßnahmen Berücksichtigung finden und ferner in der Schlichterei richtig vorbehandelte Ketten (Trocknung!) und nicht zu schwere Lamellen für Kettfadenwächter verwendet werden.

# VI. Einiges über die Veredelung.

Infolge der wenigen zur Verfügung stehenden Stücke Rohgewebe konnten die Versuche über Veredelung nur in sehr beschränktem Maße durchgeführt werden und zwar in der Weise, daß von eigentlichen Versuchsaufnahmen Abstand genommen und das Augenmerk auf Entdeckung brauchbarer Ausrüstungsverfahren gerichtet wurde. Die Durchführung der Veredelungsversuche selbst mußte den Fachleuten der bekannten Ausrüstungsfirma Martini & Co., Augsburg, überlassen werden, und es werden nachfolgend deren Erfahrungen hierüber mitgeteilt. Die Versuche erstreckten sich auf folgende Punkte:

a) Bleichen,
b) Färben,
c) Drucken,
d) Kochversuche (vom Verfasser selbst durchgeführt).

Allgemeines: Weil die aus Sniafil gefertigten Gewebe eine geringe Naßfestigkeit besitzen, waren alle Naßbehandlungen wie Bleichen, Färben und Waschen möglichst kurz zu halten. Ferner war hierbei die mechanische Beanspruchung wie Umziehen, Drücken und Quetschen schonend zu gestalten oder wenn möglich ganz zu unterlassen.

## a) Bleichen.

Eine Kombinationsbleiche mit Chlorkalk und Blankit I (der I. G.) erzielte das beste Weiß. Die einzelnen Arbeitsgänge (9) waren:

1. Vorreinigen mit 3 g Seife und 1 g Laventin KB (der I. G.) pro l Flotte bei ungefähr $70 \div 80^0$ C 1 h am Haspel.

2. Waschen im kalten Wasser ungefähr $\frac{1}{4}$ h am Haspel.

3. Bleichen in Chlorkalklösung: 2 g aktives Chlor in 1 l $(= \frac{1}{2}^0$ Bé) bei gewöhnlicher Temperatur $1 \div 1\frac{1}{2}$ h am Haspel.

4. Waschen wie unter 2.

5. Bleichen im Bad: 2 g Blankit in 1 l bei $70 \div 80^0$ C ungefähr 1 h am Haspel.

6. Waschen wie unter 2.

7. Entwässern: Am besten in einer Zentrifuge oder mittels Quetschen durch Gummiwalzen bei nicht zu starkem Druck.

8. Trocknen auf dem Spannrahmen bei nicht zu starker Spannung oder in einer Hänge.

9. Glätten auf einem Kalander oder einer Muldenpresse.

Der gelbliche Ton der Faser ließ sich durch Bleichen wesentlich mildern, aber nicht ganz beseitigen.

Der Ausfall der einzelnen Versuchsstücke war bei:

| | |
|---|---|
| Croisé (Köper): (Versuch 52a/53a) | mattglänzend, elfenbeinfarbig; weicher, schöner, wollartiger Griff; Festigkeit gut. |
| Glatt: (Versuch 38a/39b) | mattglänzend, elfenbeinfarbig; weicher, wolliger Griff (gerauht!); Festigkeit mittel. |
| Milanaise: (Versuch 49a/48b) | etwas stärkerer Glanz, elfenbeinfarbig; weicher, schöner, wollartiger Griff; Breite etwas ungleich, Festigkeit in Schußrichtung gering. |
| Glatt (Mischgewebe): (Versuch B/54b) | mattglänzend, hell elfenbeinfarbig; weicher, wollartiger Griff; Festigkeit mittel. |

Die Veränderungen in der Breite, Länge und im Gewicht wurden nur bei 2 Versuchsstücken (Rein-Stapelfaser- und Mischgewebe) festgestellt und betrugen:

Für glatt:             Breiteneingang  = 8,99%
(Versuch 38a/39b)    Längenzunahme = 0,66%
                    Gewichtsverlust = 3,75%

Für glatt (Mischgewebe): Breiteneingang  = 9,78%
(Versuch B/54b)      Längenzunahme = 2,11%
                    Gewichtsverlust = 3,72%

Die geringere Längenzunahme bei Rein-Stapelfasergewebe gegenüber Mischgewebe (Baumwollkette!) ist einerseits auf die erforderliche schonende Behandlung im Naßzustande, anderseits auf die Tatsache zurückzuführen, daß die Rückkräuselungskraft der wieder getrockneten Fasern sich verstärkt bemerkbar macht (siehe unter Abhängigkeit der Garneigenschaften vom Wassergehalt S. 77).

### b) Färben.

Als Farbstoffe durften nur solche gewählt werden, die rasch und gleichmäßig aufzogen und keine zu lange Färbedauer erforderten. Hierher gehören vor allem:

Direktziehende Baumwollfarbstoffe, mit denen man bei hellen Tönen auf einem Foulard, bei mittleren oder dunkleren Tönen auf dem Haspel färben kann.

Indigosole, die am Foulard geklotzt und am Jigger entwickelt werden. Gearbeitet wird nach der für die Indigosole geltenden sog. »Nitrit-Methode«. — Diese Färbeart ist für Stapelfaser besonders zu empfehlen, da sie sehr rasch zu echten Färbungen führte.

Die einzelnen Arbeitsgänge (9) waren:

1. mit 4. = 1. mit 4. wie bei »Bleichen«.
5. Färben wie besprochen.
6. Waschen auf denselben Maschinen.
7. mit 9. = 7. mit 9. wie bei »Bleichen«.

Das Färben reiner Stapelfasergewebe bereitete infolge der geringen Naßfestigkeit die größten Schwierigkeiten, die auch nicht ganz überwunden werden konnten. (Einreißen von Löchern in das Gewebe.) Das Farbaufnahmevermögen selbst von Stapelfaser war sehr gut (Quellung!), so daß sehr gleichmäßige und schöne Färbungen erzielt wurden. Das außerordentlich gleichmäßige Farbaufnahmevermögen der Stapelfaser wird auch von den Engländern bestätigt (24).

### c) Drucken.

Auch hier waren Farbstoffe zu wählen, die sich im direkten Druck ohne wesentliche Dämpf- und Naßbehandlung fixieren ließen. Vorteilhaft waren die echten Rapidechtfarben und die Indigosole. Letztere wurden am besten nach dem »Nitrit«-Verfahren fixiert, denn das Chloratverfahren erforderte (bei Indigosolen) ein 3—4mal längeres Dämpfen als bei Baumwolle oder Kunstseide. Das lange Dämpfen aber war für die Festigkeit der Faser nicht günstig und ist deshalb zu vermeiden.

Die einzelnen Arbeitsgänge (14) waren:

1. mit 4. = 1. mit 4. wie bei »Bleichen«.
5. und 6. = 7. und 8. wie bei »Bleichen«.
7. Drucken.
8. Dämpfen.
9. Entwickeln.
10. Seifen.
11. Waschen mit Wasser.
12. mit 14. = 7. mit 9. wie bei »Bleichen«.

Die fertigen Stücke zeigten wiederum deutlich das gute und gleichmäßige Farbaufnahmevermögen.

### d) Kochversuche.

Diese wurden durchgeführt für Rein-Stapelfaser- und Mischgewebe in der Art, daß Gewebestücke von je 1 m Länge 1 h in Wasser gekocht und an der Luft allmählich getrocknet wurden. Nachstehende Ergebnisse wurden als Mittelwerte aus je 2 Versuchen gebildet:

Rein-Stapelfasergewebe — glatt — Versuch 38a/39b:

|         |        | roh  | gekocht | Eingang |              |
|---------|--------|------|---------|---------|--------------|
| Breite  | (cm)   | 89   | 77      | 13,5%   |              |
| Länge   | (m)    | 100  | 0,92    | 8,0%    |              |
| Fläche  | (m²)   | 0,89 | 0,71    | . . . . . . 20,2% | Flächenverlust |
| Gewicht | (g/m²) | 77,5 | 73,7    | . . . . . . 4,9% | Gewichtsverlust. |

Mischgewebe — glatt — Versuch B/54b:

|         |        | roh  | gekocht | Eingang |              |
|---------|--------|------|---------|---------|--------------|
| Breite  | (cm)   | 91,5 | 79      | 13,6%   |              |
| Länge   | (m)    | 0,95 | 0,93    | 2,1%    |              |
| Fläche  | (m²)   | 0,87 | 0,73    | . . . . . . 16,1% | Flächenverlust |
| Gewicht | (g/m²) | 87,2 | 83,7    | . . . . . . 4,0% | Gewichtsverlust. |

Die Versuche beweisen deutlich die oft angezweifelte Kochfestigkeit der Sniafilstapelfasergewebe. Im Vergleich zu dem Mischgewebe zeigen sie einen größeren Längen- und Gewichtsverlust. Unangenehm bemerkbar machte sich beim Kochen der Schwefelgehalt durch Geruch und gelbliche Färbung des Wassers (vgl. Nachtrag). Während das Mischgewebe infolge des Kochens einen spröderen Griff erlangte, wurde das Rein-Stapelfasergewebe bedeutend weicher und dehnbarer (Eingang!). Die Festigkeit bei beiden (nach der Trocknung) schien mindestens der alten (beim Rohgewebe) gleichzukommen.

# Schlußwort.

Wirft man einen Rückblick auf alle in dieser Arbeit gemachten Erfahrungen, so läßt sich erkennen, daß die Sniafilstapelfaser, als auch das aus ihr erzielte Endprodukt (gegenüber Baumwolle!) mancherlei Vorteile besitzt wie gleichmäßigen Stapel, Reinheit, Weichheit, seidenähnlichen, matten Glanz, große Saugfähigkeit, gleichmäßiges Farbaufnahmevermögen, geringes Schmutzen — bewirkt durch glatte Oberfläche — leichtes Reinigen — unterstützt durch Quellung —, denen als große Nachteile die geringe Trocken- und noch geringere Naßfestigkeit und gewisse Verarbeitungsschwierigkeiten entgegenstehen. Diese Verarbeitungsschwierigkeiten sind einzig und allein auf die gegenüber der Baumwollfaser minderwertigeren technologischen Eigenschaften zurückzuführen, d. h. sie sind in einer gewissen Unvollkommenheit der Stapelfaser überhaupt begründet. Wenn jedoch durch Zusammenarbeit von Ingenieur und Chemiker einerseits das Verarbeitungsverfahren, anderseits die Fasser selbst noch weiterhin verbessert wird, was sicher erwartet werden kann und wozu der Verfasser in vorliegender Arbeit Anregungen gegeben zu haben hofft, wird die Stapelfaser in immer stärkeren Wettbewerb mit den Naturfasern treten und sie in steigerndem Maße — ähnlich wie Kunstseide die Naturseide — ersetzen. Maßgebend für die wirtschaftliche Bedeutung der Kunstfaser ist hierbei noch, daß diese keinen Preisschwankungen unterworfen ist und, falls in Deutschland hergestellt, eine gewisse Unabhängigkeit vom ausländischen Rohstoffmarkt bietet.

Es sei hier auch noch darauf hingewiesen, daß die später auf Grund der Versuche eingerichtete Verarbeitung der Stapelfaser »Sniafil« im Großbetrieb die vom Verfasser gemachten Erfahrungen und abgeleiteten Gesetze in erfreulicher Weise bestätigte.

# Nachtrag.

Da seit Beginn der Versuche bis zur Fertigstellung der vorliegenden Arbeit viel Zeit verstrichen ist, und die Stapelfaser Sniafil inzwischen manche Verbesserungen erfahren hat, fühlt sich der Verfasser verpflichtet, diese auf Grund von Unterlagen der Snia Viscosa, Turin, nachfolgend kurz zu erwähnen.

Durch geeignete Änderungen in der Herstellung der Viskose und des Fällbades ist es gelungen, die Festigkeit, Dehnung und den Querschnitt der Faser merklich zu verbessern. Geschnitten wird die Sniafil-Kurzfaser heute in 2 Typen, und zwar 28/30 mm und 40/42 mm von je 1,5 Deniers Einzelfasertiter. Durch entsprechende Nachbehandlungen wurde einerseits der Schwefelgehalt des Faserstoffes bis auf 0,1 ÷ 0,15%

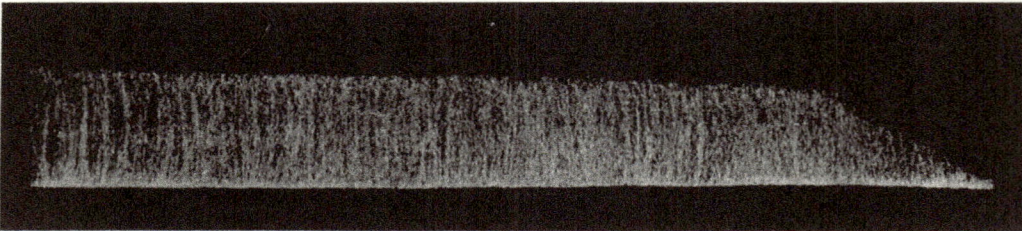

Abb. 24. Rohgut (verbessert).

herabgemindert, anderseits ein bedeutend weicherer, wärmerer und damit wollartigerer Griff erzielt. Auch wird zur Zeit die Möglichkeit einer vollständigen Entschwefelung und Bleichung der ganzen Produktion geprüft und ernstlich erwogen. Die bisher nur matt hergestellte Kurzfaser kann nun auch als glänzende Faser erzeugt werden. Besonders auffallend ist die Verbesserung des Stapeldiagrammes, welche aus Vergleich von Abb. 24 mit Abb. 15 ersichtlich ist. Dieser bemerkenswerte Erfolg ist darin begründet, daß der Faserstoff schon im feuchten Zustand geöffnet und wolfiert und dann erst getrocknet wird. Dabei wird gleichzeitig auch eine bessere Auflösung erreicht, welche einer Verringerung der Faserbändchen von 44,3% auf ungefähr 34,6% entspricht.

Die durch die eben genannten Maßnahmen erzielte Vervollkommnung der Stapelfaser Sniafil bewirkte dann auch eine Verringerung der Verarbeitungsschwierigkeiten und eine Verbesserung des Fertiggutes.

# Quellen.

## Bücher:

1. H. Brüggemann, Die nötigen Eigenschaften der Gespinste und deren Prüfung. A. Bergsträßer, Stuttgart 1897.
2. Dr. H. Stadlinger, Das Kunstseidentaschenbuch. Finanz-Verlag, Berlin 1929.
3. Prof. Dr. A. Herzog, Die mikroskopische Untersuchung der Seide und der Kunstseide. Julius Springer, Berlin 1924.
4. Dr. Walter Rudolf de Greiff, Ein Beitrag zur Seidenbaufrage mit Untersuchungen über Zerreißfestigkeit, sowie Unterscheidung von Seide und Kunstseide. Julius Springer, Berlin 1927.
5. Prof. Ing. Josef Bergmann (ergänzt und neu herausgegeben von Dr.-Ing. E. H. Lüdicke), Handbuch der Spinnerei. Julius Springer, Berlin 1927.

## Arbeiten:

6. Dr.-Ing. Hans Fikentscher, Die technologischen Unterschiede der jetzt hauptsächlich handelsüblichen Rohbaumwollen unter besonderer Berücksichtigung der Untersuchungsmethoden. Melliand-Textilberichte 1927, S. 521 (u. 1928).
7. Dr.-Ing. Chr. Fr. Walz, Zusammenhänge zwischen Gespinsteigenschaften und Spinnstruktur bei Ersatzfaserstoffen. Mitteilungen des Deutschen Forschungsinstituts für Textilindustrie. Reutlingen-Stuttgart, 6./8. Ausgabe, Okt. 1919.
8. Prof. Dr.-Ing. Otto Johannsen und Dipl.-Ing. E. Holzbauer, Verarbeitungsversuche mit Stapelstoffen. Mitteilungen des Deutschen Forschungs-Instituts für Textilindustrie in Reutlingen-Stuttgart, 9./10. Ausgabe, Okt. 1920.
9. Prof. Franz Pichler, Technik der Mikrophotographie. Melliand-Textilberichte 1925, S. 37.

## Berichte:

10. Rückblick und Ausblick in der Stapelfaserindustrie. Spinner & Weber 1927, Nr. 21 u. 23.
11. Dr. E. O. Rasser, Die Stapelfaser. Das Deutsche Wollen-Gewerbe 1918, Nr. 99.
12. O. Faust, Die Entwicklung und die Ziele der Kunstseidenindustrie unter Berücksichtigung der Rohstoffrage. Melliand-Textilberichte 1929, S. 611.
13. Dr. E. Schülke, Wolleartige Viskosefasern. Melliand-Textilberichte 1926, S. 36.
14. Vistra — keine Kunstseide? Technische Beilage Deutscher Kunstseide-Kurier 1929, Nr. 59.
15. Dr. Wilhelm Weltzien, Die Quellung von Kunstseiden und ihre Bedeutung für deren Unterscheidung und Charakterisierung. Melliand-Textilberichte 1926, S. 338.
16. Dr. Wilhelm Weltzien, Zur Kenntnis des Feinbaues der Viskoseseiden. Melliand-Textilberichte 1926, S. 1039.
17. G. Heink, Mikroskopie an Kunstseide. Melliand-Textilberichte 1928, S. 38.
18. R. O. Herzog, Die Kunstseideindustrie. Melliand-Textilberichte 1926, S. 21.

19. Dr.-Ing. H. Sommer, Die Festigkeitseigenschaften der Baumwolle. Melliand-Textilberichte 1925, S. 192.
20. Adolf Rosenzweig, Der Wassergehalt der Textilien und sein Verhältnis zur relativen Feuchtigkeit der Luft. Melliand-Textilberichte 1929, S. 365.
21. Dr.-Ing. H. Sommer, Der Einfluß der Luftfeuchtigkeit auf den Feuchtigkeitsgehalt der Faserstoffe. Melliand-Textilberichte 1928, S. 214.
22. G. Baroni, Die Hygroskopizität der Kunstseiden. Melliand-Textilberichte 1924, S. 28.
23. Stapelfaser. Mitteilungen des Deutschen Forschungs-Instituts für Textilindustrie Reutlingen, April 1919, 5. Ausgabe.
24. The Production of Staple Fibre Rayon yarns. Dobson & Barlow, Bolton-England, First Edition.
25. Machinery for Opening, Carding, Preparing and Spinning Artificial Silk Cut Staple Fibres. Platt Brothers & Co. Limited, Oldham-England.
26. Prof. H. Brüggemann, Ringspinner. Deutsche Werke A.-G. 1923.
27. Dr. Sojka, Streckwerke zum Verspinnen von Stapelfasern aus Kunstseide. Technische Beilage Deutscher Kunstseidekurier 1929, Nr. 79.
28. Dr.-Ing. Kuhn, Stapelschneider. K. Zweigle, Reutlingen.

Patentschriften:
29. DRP. Nr. 266140, Paul Girard, Lyon, 21. Februar 1912.
30. DRP. Nr. 443413, C. R. Linkmeyer, Bad Salzuflen, 7. Februar 1925.
31. DRP. Nr. 333174, Dr. A. Lauffs, Düsseldorf, 26. November 1918.

# Anhang.

Zahlentafel 6—20
nebst Erklärung der Zeichen und Abkürzungen.

## Zusammenstellung und Erklärung der in den Zahlentafeln 6 mit 20 verwendeten Zeichen (bzw. Abkürzungen).

### Spinnerei (Zahlentafel 6 mit 11)

| | | | |
|---|---|---|---|
| $N_{f_e}$ | = Einnummer franz. | $W_L$ | = Wassergehalt der Luft in g/m³ |
| $f$ | = Fachung | $W_G$ | = Wassergehalt des Ausgutes i. % |
| $V$ | = Verzug | $G_{i.i}$ | = Gewicht einer Ablieferung in g |
| $N_{f_a}$ | = Ausnummer franz. | $Z_{Li}$ | = Zahl der Ablieferungen |
| $b$ | = Drahtzahl | $t_{Li}$ | = Zeit z. Herstell. e. Ablief. i. min |
| $t_{cm}$ | = Drehung je cm | $E$ | = Erzeugung in kg/h |
| $l$ | = Lieferung in m/min | $\eta$ | = Wirkungsgrad in % |
| $St$ | = Streckwerk | $A$ | = Abfälle in % |
| $LN$ | = Läufernummer | $R_{Li.}$ | = Risse je Ablieferung |
| $SpN$ | = Spindelneigung in Bogengraden | $R_{km}$ | = Risse je km |
| $n_s$ | = Spindeldrehzahl je min | $km_R$ | = km je Riss |
| $F$ | = relative Luftfeuchtigkeit in % | $U_{max}$ | = Ungleichm. des Ausgutes in % |
| $T$ | = Lufttemperatur in °C | | |

### Garnuntersuchung (Zahlentafel 12 mit 15, 17, 19)

| | | | |
|---|---|---|---|
| $D$ | = Reißkraft-Hauptmittel in g | $NS$ | = Nummernschwankung in % |
| $Abw_D$ | = Abweich. d. Reißkraft in $\pm$ % | $SS$ | = Schwache Stellen |
| $U_D$ | = Reißkraft-Untermittel in g | $S$ | = Schnitte |
| $H$ | = Höchste Reißkraft in g | | |
| $M$ | = Mindeste Reißkraft in g | $+km_R'$ | = km je Riß |
| $E$ | = Dehnung in % | $+E'$ | = Dehnung |
| $Abw_E$ | = Abweich. der Dehnung i. $\pm$ % | $+R'$ | = Reißlänge |
| $R$ | = Reißlänge in m | $U_0'$ | = Ungleichmäßigkeit |
| $D \cdot E$ | = Gütezahl (in cmg für etwa 2 m) | $-NS'$ | = Nummernschwankungen |
| $U$ | = Ungleichmäß. i. % $= \dfrac{D-M}{D} \cdot 100$ | $SS'$ | = Schwache Stellen |
| $U_0$ | = Ungleichmäß. i. % $= \dfrac{D-U_D}{D} \cdot 100$ | $Su/6$ | = Vergleichswert |
| $\dfrac{M}{D}$ | = Gleichmäßigkeitsgrad | | |

in % jeweils bezogen auf den Mittelwert aller Ergebnisse einer Gruppe

## Weberei-Vorwerk (Zahlentafel 16, 18)

| | | | | |
|---|---|---|---|---|
| $Z_{Ro}$ | = Zahl der Rollen | | $G_e$ | = Gewicht des Eingutes in g |
| $F_{Ro}$ | = Fadenzahl je Rolle | | $G_a$ | = Gewicht des Ausgutes in g |
| $F_G$ | = Gesamtfadenzahl | | $W_{Ge}$ | = Wassergehalt d. Eingutes in % |
| $Tr$ | = Tragen | | $W_{Ga}$ | = Wassergehalt d. Ausgutes in % |
| $L_e$ | = Einlänge in m | | $Schlg$ | = Schlichtgehalt in % |
| $L_a$ | = Auslänge in m | | $l$ | = Lieferung in m/min |
| $E_L$ | = Dehnung (Längung) in % | | $P$ | = Dampfdruck in at |

## Weberei (Zahlentafel 20)

| | | | | |
|---|---|---|---|---|
| $O$ | = Oberschlag | | $F$ | = relative Luftfeuchtigkeit in % |
| $U$ | = Unterschlag | | $T$ | = Lufttemperatur in ° C |
| $Tr$ | = Tragen | | $W_L$ | = Wassergehalt d. Luft in g/m$^3$ |
| $Br_T$ | = Tuchbreite in cm | | $n$ | = Drehzahl des Stuhles je min |
| $Br_B$ | = Blattbreite (eingezogen) in cm | | $n_e$ | = eff. Drehz. d. Stuhles je min |
| $Einw_{Br}$ | = Einwebung in der Breite in % | | $\eta$ | = Wirkungsgrad in % |
| $L_a$ | = Auslänge in m | | $Er$ | = Erzeugung in m/h |
| $L_e$ | = Einlänge in m | | $A_S$ | = Schußabfall in % |
| $Einw_L$ | = Einwebung in der Länge in % | | $R_{kmz}$ | = Risse je km im Zettel |
| $Schl$ | = Schlichte | | $R_{km \times}$ | = Risse je km im Schuß |
| $Schlg$ | = Schlichtgehalt in % (Kette!) | | $R_m$ | = Risse je m Gewebe |
| $G_{m^2}$ | = Quadratmetergewicht in g | | | |

Zahlentafel 6.

## Vorwerk und Vorspinnerei.

— Kardiert. —

| Spinnplan | | | | | 1 | | | | | | | 3 |
|---|---|---|---|---|---|---|---|---|---|---|---|---|
| Maschinenbezeichnung | | Reißmasch. | Auflegerschläger | Ausschläger | Karde | 1. Strecke | 2. Strecke | 3. Strecke | Grobspuler | Mittelspuler | Feinspuler | Extra-Feinspuler |
| Versuch | | 2 | 3 | 4 | 5 | 6a | 7a | 8a | 15a | 17a | 19a | 21a |
| $N_{f_e}$ | $\dfrac{1000\ \text{m}}{500\ \text{g}}$ | — | — | 0,00163 | 0,00141 | 0,130 | 0,137 | 0,145 | 0,152 | 0,725 | 1,64 | 4,3 |
| $f$ | | — | — | 4 | 1 | 6 | 6 | 8 | 1 | 2 | 2 | 2 |
| $V$ | | — | — | 3,46 | 92,2 | 6,32 | 6,35 | 8,39 | 4,77 | 4,52 | 5,24 | 5,86 |
| $N_{f_a}$ | $\dfrac{1000\ \text{m}}{500\ \text{g}}$ | 0,00266 | 0,00163 | 0,00141 | 0,130 | 0,137 | 0,145 | 0,152 | 0,725 | 1,64 | 4,3 | 12,6 |
| $b$ | | — | — | — | — | — | — | — | 0,309 | 0,318 | 0,386 | 0,4 |
| $t_{cm}$ | $\dfrac{1}{\text{cm}}$ | — | — | — | — | — | — | — | 0,263 | 0,407 | 0,8 | 1,42 |
| $l$ | $\dfrac{\text{m}}{\text{min}}$ | 5,32 | 9,55 | 9,05 | 16,7 | 25,8 | 25,8 | 26,2 | 19,3 | 16,7 | 12,2 | 6,65 |
| $St$ | | — | — | — | — | 3 Zyl. | 3 Zyl. | 4 Zyl. | 3 Zyl. | 3 Zyl. | 3 Zyl. | 3 Zyl. |
| $n_s$ | $\dfrac{1}{\text{min}}$ | — | — | — | — | — | — | — | 508 | 680 | 976 | 944 |
| $F$ | % | 45 | 47 | 54 | 46 | 54 | 57 | 52 | 50 | 54 | 58 | 59 |
| $T$ | °C | 16 | 18 | 19 | 15 | 18 | 20 | 22 | 20 | 22 | 21 | 20 |
| $W_L$ | $\dfrac{\text{g}}{\text{m}^3}$ | 6,1 | 7,22 | 8,84 | 5,92 | 8,34 | 9,86 | 10,10 | 8,6 | 10,50 | 10,64 | 10,22 |
| $W_G$ | % | 11,5 | 11,11 | 9,59 | 9,57 | 10,09 | 10,1 | 9,26 | 9,49 | 9,49 | 10,17 | — |
| $G_{Li}$ | g | — | 10155 | 14174 | 2826 | 3531 | 3336 | 3447 | 626 | 621 | 302 | 109 |
| $Z_{Li}$ | | 1 | 1 | 1 | 1 | 5 | 5 | 5 | 48 | 128 | 168 | 198 |
| $t_{Li}$ | min | — | $3^{28}$ | $4^{25}$ | 44 | $37^{30}$ | $37^{30}$ | 40 | 47 | 122 | 213 | 413 |
| $E$ | $\dfrac{\text{kg}}{\text{h}}$ | 60 | 170,48 | 186,77 | 3,73 | 24,01 | 22,68 | 21,97 | 34,52 | 35,96 | 13,58 | 2,95 |
| $\eta$ | % | 100 | 97 | 97 | 97 | 85 | 85 | 85 | 90 | 92 | 95 | 94 |
| $A$ | % | 0,924 | 1,623 | 0,171 | 4,939 | 0,16 | 0,16 | 1,06 | 0,28 | 0,245 | 0,443 | — |
| $R_{Li}$ | | — | — | — | — | — | — | 0,67 | 2,11 | 0,408 | 0,575 | 0 |
| $R_{km}$ | $\dfrac{1}{\text{km}}$ | — | — | — | — | — | — | 0,64 | 2,32 | 0,2 | 0,22 | 0 |
| $km_R$ | km | — | — | — | — | — | — | 1,56 | 0,43 | 5,0 | 0,45 | 0 |
| $U_{max}$ | % | — | 6,3 | 11,0 | 20,4 | 6,6 | 5,62 | 2,7 | 5,4 | 28,6 | 12,7 | 11,95 |

## Zahlentafel 7.

### Vorwerk und Vorspinnerei.

### — Gekämmt. —

| Spinnplan | | | 2 | | | | | | | | |
|---|---|---|---|---|---|---|---|---|---|---|---|
| Maschinenbezeichnung | | Reißmaschine Auflegerschläger Ausschläger | Band-masch. | Kehr-strecke | Kämm-masch. | 1. Strecke | 2. Strecke | 3. Strecke | Grob-spuler | Mit-tel-spuler | Fein-spuler |
| Versuch | | Karde wie Spinnplan 1 | 9 b | 10 b | 11 b | 12 b | 13 b | 14 b | 16 b | 18 b | 20 b |
| $N_{f_e}$ | $\dfrac{1000\ m}{500\ g}$ | | 0,13 | 0,0135 | 0,0148 | 0,127 | 0,144 | 0,163 | 0,171 | 0,725 | 1,82 |
| $f$ | | | 18 | 6 | 6 | 6 | 6 | 8 | 1 | 2 | 2 |
| $V$ | | | 1,87 | 6,58 | (43,8) 51,49 | 6,8 | 6,79 | 8,39 | 4,24 | 5,02 | 5,38 |
| $N_{f_a}$ | $\dfrac{1000\ m}{500\ g}$ | | 0,0135 | 0,0148 | 0,127 | 0,144 | 0,163 | 0,171 | 0,725 | 1,82 | 4,9 |
| $b$ | | | — | — | — | — | — | — | 0,309 | 0,301 | 0,361 |
| $t_{cm}$ | $\dfrac{1}{cm}$ | | — | — | — | — | — | — | 0,263 | 0,407 | 0,8 |
| $l$ | $\dfrac{m}{min}$ | | 35 | 34,5 | 22,9 | 26,4 | 26,4 | 26,2 | 19,3 | 16,7 | 10,05 |
| $St$ | | | 3 Zyl. | 4 Zyl. | 4 Zyl. | 3 Zyl. | 3 Zyl. | 4 Zyl. | 3 Zyl. | 3 Zyl. | 3 Zyl. |
| $n_s$ | $\dfrac{1}{min}$ | | — | — | — | — | — | — | 508 | 680 | 804 |
| $F$ | $\%$ | | 54 | 66 | 57 | 48 | 51 | 57 | 48 | 52 | 50 |
| $T$ | °C | | 19 | 20 | 21 | 22 | 20 | 18 | 21 | 22 | 24 |
| $W_L$ | $\dfrac{g}{m^3}$ | | 8,84 | 11,38 | 10,46 | 9,3 | 8,78 | 8,78 | 8,8 | 10,1 | 10,9 |
| $W_G$ | $\%$ | | 9,89 | 9,0 | 10,27 | 9,09 | 9,49 | 9,62 | 9,09 | 9,3 | — |
| $G_{l,i}$ | g | | 4018 | 4351 | 3899 | 3667 | 3239 | 3064 | 725 | 609 | 281 |
| $Z_{l,i}$ | | | 1 | 1 | 1 | 5 | 5 | 5 | 48 | 128 | 168 |
| $t_{l,i}$ | min | | $3^{06}$ | $3^{44}$ | $43^{15}$ | 40 | 40 | 40 | $54^{30}$ | $132^{40}$ | 274 |
| $E$ | $\dfrac{kg}{h}$ | | 62,21 | 62,93 | 5,08 | 23,37 | 20,65 | 19,53 | 34,50 | 32,43 | 9,82 |
| $\eta$ | $\%$ | | 80 | 90 | 94 | 85 | 85 | 85 | 90 | 92 | 95 |
| $A$ | $\%$ | | 0,66 | 0,617 | 16,96 | 0,222 | 0,68 | 0,429 | 0,141 | 0,102 | 0,243 |
| $R_{l,i}$ | | | 0,57 | 0 | 1 | 1,21 | 0,80 | 0,47 | 1,94 | 0,33 | 0,107 |
| $R_{km}$ | $\dfrac{1}{km}$ | | 5,25 | 0 | 1,01 | 1,15 | 0,76 | 0,45 | 1,85 | 0,15 | 0,04 |
| $km_R$ | km | | 0,19 | 0 | 0,99 | 0,87 | 1,32 | 2,22 | 0,54 | 6,67 | 25,0 |
| $U_{max}$ | $\%$ | | 4,05 | 5,67 | 7,1 | 6,17 | 1,2 | 2,34 | 8,2 | 6,8 | 8,95 |

Zahlentafel 8.

**Vorwerk und Vorspinnerei.**

— Kardiert. —

| Spinnplan | | | | | 4 | | | | | | | 6 |
|---|---|---|---|---|---|---|---|---|---|---|---|---|
| | | Reiß-masch. | Aufleger-schläger | Aus-schlä-ger | Karde | Band-masch. | Kehr-strecke | Kämm-masch. | 1. Strecke | Grob-spuler | Mit-tel-spuler | Fein-spuler |
| $N_{f_e}$ | $\dfrac{1000\ m}{500\ g}$ | — | — | 0,00163 | 0,0014 | | | | 0,13 | 0,163 | 0,78 | 2,0 |
| $f$ | | — | — | 4 | 1 | | | | 6 | 1 | 2 | 2 |
| $V$ | | — | — | 3,44 | 92,85 | | | | 7,52 | 4,79 | 5,13 | 5 |
| $N_{f_a}$ | $\dfrac{1000\ m}{500\ g}$ | 0,00266 | 0,00163 | 0,0014 | 0,13 | | | | 0,163 | 0,78 | 2,0 | 5,5 |
| $b$ | | | | | | | | | | 0,295 | 0,311 | 0,358 |
| $t_{cm}$ | $\dfrac{1}{cm}$ | | | | | | | | | 0,26 | 0,44 | 0,8 |

— Gekämmt. —

| Spinnplan | | | | | | 5 | | | | | | |
|---|---|---|---|---|---|---|---|---|---|---|---|---|
| | | Reiß-masch. | Aufleger-schläger | Aus-schläger | Karde | Band-masch. | Kehr-strecke | Kämm-masch. | 1. Strecke | Grob-spu-ler | Mit-tel-spu-ler | Fein-spu-ler |
| $N_{f_e}$ | $\dfrac{1000\ m}{500\ g}$ | — | — | 0,00163 | 0,0014 | 0,13 | 0,0135 | 0,0148 | 0,127 | 0,163 | 0,78 | 2,0 |
| $f$ | | — | — | 4 | 1 | 18 | 6 | 6 | 6 | 1 | 2 | 2 |
| $V$ | | — | — | 3,44 | 92,85 | 1,87 | 6,58 | 51,5 | 7,7 | 4,79 | 5,13 | 5,0 |
| $N_{f_a}$ | $\dfrac{1000\ m}{500\ g}$ | 0,00266 | 0,00163 | 0,0014 | 0,13 | 0,0135 | 0,0148 | 0,127 | 0,163 | 0,78 | 2,0 | 5,0 |
| $b$ | | | | | | | | | | 0,295 | 0,311 | 0,358 |
| $t_{cm}$ | $\dfrac{1}{cm}$ | | | | | | | | | 0,26 | 0,44 | 0,8 |

# Zahlentafel 9.

## Spinnerei.
### — Ringspinner. —

| Garnbez. | | 18,8 Z | 20,4 Z | 25,8 Z | 26,8 Z | 27,1 Z | 27,6 Z | 27,9 Z | 29,6 Z | 31,3 Z | 39,9 Z | 45 Z | 46,3 Z |
|---|---|---|---|---|---|---|---|---|---|---|---|---|---|
| Spinnplan | | 1 | 1 | 4 | 1 | 1 | 1 | 1 | 1 | 1 | 1 | 3 | 3 |
| Versuch | | 31 a | 52 a | 38 a | 50 a | 22 a | 23 a | 37 a | 49 a | 26 a | 28 a | 33 a | 35 a |
| $N_{f_e}$ | $\dfrac{1000\,m}{500\,g}$ | 4,3 | 4,3 | 2,0 | 4,3 | 4,3 | 4,3 | 4,3 | 4,3 | 4,3 | 4,3 | 12,6 | 12,6 |
| $f$ | | 2 | 2 | 1 | 2 | 1 | 2 | 2 | 2 | 2 | 2 | 2 | 2 |
| $V$ | | 8,74 | 9,49 | 12,9 | 12,47 | 6,3 | 12,84 | 12,98 | 13,77 | 14,56 | 18,56 | 7,14 | 7,35 |
| $N_{f_a}$ | $\dfrac{1000\,m}{500\,g}$ | 18,8 | 20,4 | 25,8 | 26,8 | 27,1 | 27,6 | 27,9 | 29,6 | 31,3 | 39,9 | 45 | 46,3 |
| $b$ | | 1,71 | 1,64 | 1,68 | 1,64 | 1,4 | 1,62 | 1,61 | 1,64 | 1,6 | 1,64 | 1,69 | 1,66 |
| $t_{cm}$ | $\dfrac{1}{cm}$ | 7,4 | 7,4 | 8,51 | 8,51 | 7,3 | 8,51 | 8,51 | 8,9 | 8,96 | 10,38 | 11,33 | 11,33 |
| $l$ | $\dfrac{m}{min}$ | 11,55 | 11,75 | 10,0 | 10,0 | 11,0 | 10,0 | 10,0 | 9,5 | 9,5 | 8,2 | 7,05 | 7,05 |
| $St$ | | D 4 | D 4 | D 4 | D 4 | H u.B 3 | D 4 | D 4 | D 4 | D 4 | D 4 | Emag 3 | Emag 3 |
| $LN$ | | 7/0 | 7/0 | 5/0 | 5/0 | 3/0 | 5/0 | 8/0 | 9/0 | 8/0 | 11/0 | 12/0 | 11/0 |
| $n_s$ | $\dfrac{1}{min}$ | 8547 | 8547 | 8510 | 8510 | 8030 | 8510 | 8510 | 8455 | 8510 | 8510 | 7988 | 7988 |
| $F$ | % | 78 | 58 | 66 | 62 | 70 | 76 | 68 | 67 | 79 | 74 | 78 | 68 |
| $T$ | °C | 23 | 24 | 22 | 23 | 20 | 24 | 25 | 26 | 21 | 25 | 22 | 25 |
| $W_L$ | $\dfrac{g}{m^3}$ | 16,14 | 12,66 | 12,8 | 12,74 | 12,1 | 16,52 | 15,62 | 16,32 | 14,42 | 16,98 | 15,1 | 15,62 |
| $W_G$ | % | — | 10,32 | — | 11,16 | — | — | — | 10,9 | — | — | — | — |
| $G_{Li}$ | g | 52,2 | 49,5 | 48,5 | 37,3 | 39,6 | 43,4 | 43 | 46,5 | 47,8 | 41,6 | 30,5 | 29,7 |
| $Z_{Li}$ | | 256 | 256 | 256 | 256 | 384 | 256 | 256 | 256 | 256 | 256 | 284 | 284 |
| $t_{Li}$ | min | 170 | 175 | 250 | 200 | 195 | 240 | 240 | 290 | 315 | 405 | 390 | 390 |
| $E$ | $\dfrac{kg}{h}$ | 4,43 | 4,09 | 2,80 | 2,69 | 4,40 | 2,61 | 2,59 | 2,32 | 2,19 | 1,48 | 1,25 | 1,22 |
| $\eta$ | % | 94 | 94 | 94 | 94 | 94 | 94 | 94 | 94 | 94 | 94 | 94 | 94 |
| $A$ | % | — | 0,87 | — | 0,73 | — | — | — | 1,27 | — | — | — | — |
| $R_{Li}$ | | 1,16 | 0,8 | 0,24 | 0,97 | 4,58 | 1,6 | 1,42 | 0,77 | 1,8 | 2,93 | 8,25 | 4,91 |
| $R_{km}$ | $\dfrac{1}{km}$ | 0,591 | 0,396 | 0,959 | 0,485 | 2,134 | 0,668 | 0,592 | 0,28 | 0,602 | 0,883 | 3,005 | 1,785 |
| $km_R$ | km | 1,69 | 2,53 | 1,04 | 2,06 | 0,47 | 1,5 | 1,69 | 3,58 | 1,66 | 1,13 | 0,33 | 0,56 |

Zahlentafel 10.

**Spinnerei.**

— R i n g s p i n n e r. —

| Garnbez. | | 37,2 S | 38 S | 38,6 S | 40,1 S | 50,1 S | 50,4 S | 60,7 S |
|---|---|---|---|---|---|---|---|---|
| Spinnplan | | 2 | 5 | 2 | 2 | 2 | 2 | 2 |
| Versuch | | 25 b | 39 b | 24 b | 51 b | 27 b | 29 b | 34 b |
| $N_{f_a}$ | $\frac{1000 \text{ m}}{500 \text{ g}}$ | 4,9 | 5,0 | 4,9 | 4,9 | 4,9 | 4,9 | 4,9 |
| $f$ | | 1 | 1 | 1 | 1 | 1 | 1 | 1 |
| $V$ | | 7,59 | 7,6 | 7,88 | 8,18 | 10,22 | 10,29 | 12,39 |
| $N_{f_u}$ | $\frac{1000 \text{ m}}{500 \text{ g}}$ | 37,2 | 38 | 38,6 | 40,1 | 50,1 | 50,4 | 60,7 |
| $b$ | | 1,28 | 1,3 | 1,29 | 1,26 | 1,29 | 1,29 | 1,26 |
| $t_{\text{cm}}$ | $\frac{1}{\text{cm}}$ | 7,8 | 8,0 | 8,0 | 8,0 | 9,15 | 9,15 | 9,83 |
| $l$ | $\frac{\text{m}}{\text{min}}$ | 9,05 | 8,8 | 8,8 | 8,8 | 7,7 | 7,7 | 7,16 |
| $St$ | | Emag 3 | Emag 3 | Emag 3 | Emag 3 | Emag 3 | Emag 3 | Emag 3 |
| $LN$ | | 12/₀ | 11/₀ | 8/₀ | 11/₀ | 15/₀ | 15/₀ | 16/₀ |
| $n_s$ | $\frac{1}{\text{min}}$ | 7059 | 7040 | 7040 | 7040 | 7045 | 7045 | 7038 |
| $F$ | % | 79 | 60 | 72 | 56 | 90 | 74 | 71 |
| $T$ | °C | 21 | 23 | 22 | 25 | 22 | 26 | 24 |
| $W_L$ | $\frac{\text{g}}{\text{m}^3}$ | 14,42 | 12,3 | 13,96 | 12,84 | 17,5 | 18,06 | 15,5 |
| $W_G$ | % | — | — | — | 11,64 | — | — | — |
| $G_{Li}$ | g | 24,3 | 20,8 | 29,6 | 20,6 | 21,5 | 21,4 | 20,1 |
| $Z_{Li}$ | | 128 | 128 | 128 | 128 | 128 | 128 | 128 |
| $t_{Li}$ | min | 200 | 180 | 260 | 188 | 280 | 280 | 340 |
| $E$ | $\frac{\text{kg}}{\text{h}}$ | 0,88 | 0,83 | 0,82 | 0,79 | 0,55 | 0,55 | 0,43 |
| $\eta$ | % | 94 | 94 | 94 | 94 | 94 | 94 | 94 |
| $A$ | % | — | — | — | 0,23 | — | — | — |
| $R_{Li}$ | | 0,3 | 0,25 | 1 | 0,656 | 2 | 1 | 3,17 |
| $R_{km}$ | $\frac{1}{\text{km}}$ | 0,166 | 0,158 | 0,438 | 0,397 | 0,928 | 0,464 | 1,299 |
| $km_R$ | km | 6,03 | 6,32 | 2,29 | 2,52 | 1,08 | 2,16 | 0,77 |

Zahlentafel 11.

**Spinnerei.**

— Selbstspinner. —

| Garnbez. | | 19,8 S | 25,5 S | 34,8 S | 38,0 S | 38,2 S | 38,4 S | 38,4 S | 38,6 S | 38,8 S | 38,9 S | 40,3 S |
|---|---|---|---|---|---|---|---|---|---|---|---|---|
| Spinnplan | | 4 | 5 | 2 | 5 | 5 | 5 | 5 | 5 | 5 | 5 | 5 |
| Versuch | | 53 a | 54 b | 48 b | 42 b | 46 b | 45 b | 47 b | 43 b | 44 b | 40 b | 41 b |
| $N_{f_e}$ | $\dfrac{1000\ m}{500\ g}$ | 2,0 | 5,0 | 4,9 | 5,0 | 5,0 | 5,0 | 5,0 | 5,0 | 5,0 | 5,0 | 5,0 |
| $f$ | | 1 | 1 | 1 | 1 | 1 | 1 | 1 | 1 | 1 | 1 | 1 |
| $V$ | | 9,9 | 5,1 | 7,1 | 7,6 | 7,64 | 7,68 | 7,68 | 7,72 | 7,76 | 7,78 | 8,06 |
| $N_{f_a}$ | $\dfrac{1000\ m}{500\ g}$ | 19,8 | 25,5 | 34,8 | 38,0 | 38,2 | 38,4 | 38,4 | 38,6 | 38,8 | 38,9 | 40,3 |
| $b$ | | 0,94 | 0,96 | 1,15 | 1,28 | 1,28 | 1,27 | 1,27 | 1,27 | 1,27 | 1,27 | 1,24 |
| $t_{cm}$ | $\dfrac{1}{cm}$ | 4,2 | 4,85 | 6,76 | 7,9 | 7,9 | 7,9 | 7,9 | 7,9 | 7,9 | 7,9 | 7,9 |
| $l$ | $\dfrac{m}{min}$ | 16,27 | 14,1 | 11,19 | 10,35 | 10,35 | 10,35 | 10,35 | 10,35 | 10,35 | 10,35 | 10,32 |
| $St$ | | Emag 3 | Emag 3 | Emag 3 | Emag 3 | Emag 3 | Emag 3 | Emag 3 | Emag 3 | Emag 3 | Emag 3 | Emag 3 |
| $SpN$ | $\sphericalangle\ °$ | 19 | 19 | 19 | 16,5 | 19 | 19 | 19 | 19 | 19 | 16,5 | 16,5 |
| $n_s$ | $\dfrac{1}{min}$ | 6823 | 6838 | 7564 | 8176 | 8180 | 8180 | 8180 | 8180 | 8180 | 8180 | 8153 |
| $F$ | % | 67 | 55 | 63 | 61 | 66 | 56 | 57 | 56 | 56 | 61 | 61 |
| $T$ | °C | 26 | 24 | 23 | 25 | 23 | 29 | 24 | 29 | 29 | 25 | 25 |
| $W_L$ | $\dfrac{g}{m^3}$ | 16,32 | 12,0 | 12,96 | 14,02 | 13,6 | 16,08 | 12,44 | 16,08 | 16,08 | 14,02 | 14,02 |
| $W_G$ | % | 11,03 | 12,5 | 10,0 | — | — | — | — | — | — | — | — |
| $G_{l,i}$ | g | 20,5 | 17 | 18,3 | 16,5 | — | — | 18,4 | — | — | 16,5 | 16,5 |
| $Z_{l,i}$ | | 900 | 900 | 900 | 900 | 900 | 900 | 900 | 900 | 900 | 900 | 900 |
| $t_{l,i}$ | min | 109 | 122 | 221 | — | — | — | 237 | — | — | — | — |
| $E$ | $\dfrac{kg}{h}$ | 9,55 | 6,77 | 4,02 | — | — | — | 3,77 | — | — | — | — |
| $\eta$ | % | 94 | 90 | 90 | — | — | — | 90 | — | — | — | — |
| $A$ | % | 0,65 | 0,98 | 1,16 | — | — | — | — | — | — | — | — |
| $R_{L,i}$ | | 0,099 | 0,48 | 0,71 | sehr viel | — | — | 1,36 | — | — | — | — |
| $R_{km}$ | $\dfrac{1}{km}$ | 0,122 | 0,554 | 0,557 | » | — | — | 0,963 | — | — | — | — |
| $km_R$ | km | 8,2 | 1,8 | 1,8 | sehr wenig | — | — | 1,04 | — | — | — | — |

Zahlentafel 12.

## Garnuntersuchung.

— Spinnerei —

(Ringspinner)

| Garnbez. =  Istnummer | | 18.8  Z | 20,4  Z | 25,8  Z | 26,8  Z | 27,1  Z | 27,6  Z | 27,9  Z | 29,6  Z | 31,3  Z | 39,9  Z | 45  Z |
|---|---|---|---|---|---|---|---|---|---|---|---|---|
| Spinnplan | | 1 | 1 | 4 | 1 | 1 | 1 | 1 | 1 | 1 | 1 | 3 |
| Versuch | | 31a | 52a | 38a | 50a | 22a | 23a | 37a | 49a | 26a | 28a | 33a |
| $D$ | g | 211,8 | 204,7 | 148,2 | 134,3 | 135,2 | 142,2 | 160 | 108,5 | 114,9 | 94,0 | 91 |
| $U_D$ | g | 199,8 | 191,5 | 129,6 | 123 | 120,4 | 123,8 | 144,3 | 98,2 | 100,7 | 83,0 | 80 |
| $H$ | g | 252 | 248 | 212 | 160 | 210 | 204 | 206 | 130 | 168 | 122 | 120 |
| $M$ | g | 180 | 160 | 100 | 100 | 96 | 100 | 124 | 76 | 76 | 70 | 60 |
| $E$ | % | 5,73 | 6,1 | 4,81 | 5,31 | 4,3 | 4,5 | 4,5 | 6,24 | 4,45 | 4,21 | 4,03 |
| $R$ | m | 7964 | 8352 | 7647 | 7198 | 7328 | 7849 | 8928 | 6423 | 7193 | 7501 | 8190 |
| $D \cdot E$ | cmg | 1214 | 1249 | 713 | 713 | 581 | 640 | 720 | 677 | 511 | 396 | 367 |
| $U$ | % | 15,01 | 21,84 | 32,52 | 25,54 | 28,99 | 29,68 | 22,50 | 29,95 | 33,86 | 25,53 | 34,07 |
| $U_0$ | % | 5,66 | 6,45 | 12,55 | 8,41 | 10,9 | 12,9 | 9,87 | 9,49 | 12,35 | 11,7 | 12,1 |
| $\dfrac{M}{D}$ | — | 0,85 | 0,78 | 0,67 | 0,74 | 0,71 | 0,70 | 0,78 | 0,70 | 0,66 | 0,74 | 0,66 |
| $NS$ | % | 24,46 | 26,47 | 12,79 | 22,38 | 40,6 | 27,2 | 34,05 | 29,4 | 25,54 | 27,54 | 18,88 |
| $SS$ | — | 0 | 1 | 10 | 4 | 11 | 16 | 2 | 7 | 12 | 5 | 9 |
| $S$ | — | 0 | 0 | 0 | 0 | 0 | 0 | 0 | 0 | 0 | 0 | 0 |
| $+ \mathrm{km}_H'$ | % | 74,4 | 111,5 | 45,8 | 90,7 | 20,7 | 66,1 | 74,4 | 157,7 | 73,1 | 49,8 | 14,5 |
| $+ E'$ | % | 115,3 | 122,7 | 96,8 | 106,8 | 86,5 | 90,5 | 90,5 | 125,6 | 89,5 | 84,7 | 81,1 |
| $+ R'$ | % | 109,5 | 114,5 | 104,8 | 98,7 | 100,4 | 107,6 | 122,4 | 88,0 | 98,6 | 102,8 | 112,3 |
| $- U_0'$ | % | 53,4 | 60,8 | 118,4 | 79,3 | 102,8 | 121,7 | 93,1 | 89,5 | 116,5 | 110,4 | 114,2 |
| $- NS'$ | % | 128,2 | 138,7 | 67,0 | 117,3 | 212,8 | 142,6 | 178,5 | 154,1 | 133,9 | 144,3 | 99,0 |
| $- SS'$ | % | 0 | 18,4 | 184,2 | 73,7 | 202,6 | 294,7 | 36,8 | 128,9 | 221,0 | 92,1 | 165,7 |
| $Su/6$ | % | +19,6 | +21,8 | —20,4 | +4,3 | —51,8 | —49,1 | —3,5 | —0,2 | —35,0 | —18,3 | —28,5 |

**Garnuntersuchung.**
— Spinnerei —
(Ringspinner).

| Garnbez. = Istnummer | | 37,2 S | 38 S | 38,6 S | 40,1 S | 50,1 S | 50,4 S | 60,7 S |
|---|---|---|---|---|---|---|---|---|
| Spinnplan | | 2 | 2 | 2 | 2 | 2 | 2 | 2 |
| Versuch | | 25 b | 39 b | 24 b | 51 b | 27 b | 29 b | 34 b |
| $D$ | g | 100,0 | 102,4 | 96,7 | 85,9 | 75,0 | 73,9 | 61,9 |
| $U_D$ | g | 86 | 90,6 | 83,5 | 76,2 | 68,7 | 65,6 | 53,3 |
| $H$ | g | 148 | 134 | 118 | 112 | 100 | 94 | 84 |
| $M$ | g | 62 | 72 | 60 | 58 | 56 | 56 | 38 |
| $E$ | % | 4,48 | 4,65 | 4,46 | 5,89 | 4,11 | 4,08 | 4,1 |
| $R$ | m | 7440 | 7782 | 7465 | 6889 | 7515 | 7449 | 7515 |
| $D \cdot E$ | cmg | 448 | 476 | 431 | 506 | 308 | 302 | 254 |
| $U$ | % | 38,0 | 29,69 | 38,0 | 32,48 | 25,33 | 24,22 | 38,61 |
| $U_0$ | % | 14,0 | 11,52 | 13,6 | 11,29 | 8,4 | 11,23 | 13,95 |
| $\dfrac{M}{D}$ | — | 0,62 | 0,70 | 0,62 | 0,68 | 0,75 | 0,76 | 0,61 |
| $NS$ | % | 10,7 | 21,05 | 10,36 | 12,47 | 7,98 | 11,9 | 10,71 |
| $SS$ | — | 5 | 10 | 11 | 6 | 1 | 3 | 14 |
| $S$ | — | 0 | 0 | 0 | 0 | 0 | 0 | 0 |
| $+ km'_R$ | % | 265,6 | 278,4 | 100,9 | 111,0 | 47,6 | 95,2 | 33,9 |
| $+ E'$ | % | 90,1 | 93,6 | 89,7 | 118,5 | 82,7 | 82,1 | 82,5 |
| $+ R'$ | % | 102,0 | 106,7 | 102,3 | 94,4 | 103,0 | 102,1 | 103,0 |
| $- U_0'$ | % | 132,1 | 108,7 | 128,3 | 106,5 | 79,2 | 105,9 | 131,6 |
| $- NS'$ | % | 56,1 | 110,3 | 54,3 | 65,4 | 41,8 | 62,4 | 56,1 |
| $- SS'$ | % | 92,1 | 184,2 | 202,6 | 110,5 | 18,4 | 55,2 | 257,8 |
| $Su/6$ | % | + 29,6 | + 12,6 | — 15,4 | + 6,9 | + 15,7 | + 9,3 | — 37,7 |

Zahlentafel 14.

**Garnuntersuchung.**

— Spinnerei —

(Selbstspinner).

| Garnbez. = Istnummer | | 19,8 S | 25,5 S | 34,8 S | 38,0 S | 38,2 S | 38,4 S | 38,4 S | 38,6 S | 38,8 S | 38,9 S | 40,3 S |
|---|---|---|---|---|---|---|---|---|---|---|---|---|
| Spinnplan | | 4 | 5 | 2 | 5 | 5 | 5 | 5 | 5 | 5 | 5 | 5 |
| Versuch | | 53a | 54b | 48b | 42b | 46b | 45b | 47b | 43b | 44b | 40b | 41b |
| $D$ | g | 164,5 | 131,1 | 84,9 | 87,2 | 93,5 | 87,0 | 94 | 91,6 | 87,4 | 92,5 | 86,9 |
| $U_D$ | g | 149,6 | 116,9 | 76,2 | 78,5 | 84,8 | 77,3 | 84,8 | 80,9 | 78,3 | 82,2 | 78 |
| $H$ | g | 212 | 186 | 112 | 118 | 122 | 118 | 132 | 118 | 112 | 118 | 114 |
| $M$ | g | 118 | 100 | 62 | 68 | 72 | 68 | 72 | 72 | 66 | 70 | 70 |
| $E$ | % | 5,62 | 5,7 | 6,7 | 4,81 | 5,54 | 5,33 | 4,82 | 5,5 | 5,4 | 4,7 | 4,72 |
| $R$ | m | 6514 | 6686 | 5909 | 6627 | 7143 | 6682 | 7219 | 7072 | 6782 | 7197 | 7004 |
| $D \cdot E$ | cmg | 924 | 747 | 569 | 419 | 518 | 464 | 453 | 504 | 472 | 435 | 410 |
| $U$ | % | 28,27 | 23,72 | 27,0 | 22,02 | 22,99 | 21,84 | 23,4 | 21,4 | 24,49 | 24,32 | 19,45 |
| $U_0$ | % | 9,06 | 10,83 | 10,2 | 9,9 | 9,3 | 11,1 | 9,8 | 11,7 | 10,4 | 11,1 | 9,4 |
| $\dfrac{M}{D}$ | — | 0,72 | 0,76 | 0,73 | 0,78 | 0,77 | 0,78 | 0,77 | 0,79 | 0,76 | 0,76 | 0,81 |
| $NS$ | % | 16,67 | 23,53 | 11,5 | 17,44 | 15,7 | 15,6 | 27,3 | 10,4 | 23,2 | 9,63 | 11,76 |
| $SS$ | — | 4 | 6 | 2 | 1 | 4 | 1 | 1 | 1 | 1 | 3 | 0 |
| $S$ | — | 0 | 0 | 0 | 0 | 0 | 0 | 0 | 0 | 0 | 0 | 0 |
| $+km_R'$ | % | 361,2 | 79,3 | 79,3 | — | — | — | 45,8 | — | — | — | — |
| $+ E'$ | % | 113,1 | 114,7 | 134,8 | 96,8 | 111,5 | 107,2 | 97,0 | 110,7 | 108,7 | 94,6 | 95,0 |
| $+ R'$ | % | 89,3 | 91,6 | 81,0 | 90,8 | 97,9 | 91,6 | 98,9 | 96,9 | 93,0 | 98,6 | 96,0 |
| $- U_0'$ | % | 85,5 | 102,2 | 96,2 | 93,4 | 87,7 | 104,7 | 92,5 | 110,4 | 98,1 | 104,7 | 88,7 |
| $- NS'$ | % | 87,4 | 123,3 | 60,3 | 91,4 | 82,3 | 81,8 | 143,1 | 54,5 | 121,6 | 50,5 | 61,6 |
| $- SS'$ | % | 73,7 | 110,5 | 36,8 | 18,4 | 73,7 | 18,4 | 18,4 | 18,4 | 18,4 | 55,2 | 0 |
| $Su/6$ | % | +52,8 | — 8,4 | +17,0 | — | — | — | — 2,1 | — | — | — | — |

Zahlentafel 15.

## Garnuntersuchung.

Beziehung zwischen Eigenschaften und Wassergehalt eines Garnes (25,8 Z — 38a — Sp. 4).

| $W_G$ | % | 11,2 | 12,2 | 20,0 | 26,6 | 29,8 | 32,8 | 35,0 | 41,7 | 52,9 | 55,1 | 61,8 | 65,7 | 71,6 | 72,7 | 79,6 | 86,9 | 255,3 |
|---|---|---|---|---|---|---|---|---|---|---|---|---|---|---|---|---|---|---|
| F | % | — | 76 | 76 | 72 | 73 | 88 | 72 | 59 | 65 | 71 | 69 | 71 | 55 | 72 | 65 | 75 | 82 |
| T | °C | — | 23 | 24 | 23 | 25 | 23 | 27 | 27 | 25 | 27 | 27 | 27 | 30 | 24 | 28 | 24 | 22 |
| $W_L$ | g/m³ | — | 15,6 | 16,5 | 14,8 | 16,8 | 18,2 | 18,6 | 15,2 | 14,9 | 18,3 | 17,8 | 18,3 | 16,7 | 15,7 | 17,7 | 16,3 | 15,9 |
| D | g | 121,6 | 119,6 | 118,2 | 120,9 | 113,5 | 116,6 | 114,1 | 114,2 | 115,9 | 109,6 | 114,7 | 109,1 | 115,2 | 102,9 | 114,3 | 100,8 | 86,6 |
| U | g | 108,3 | 109,1 | 106,2 | 109,6 | 104,1 | 106,9 | 102,8 | 104,3 | 104,3 | 101,6 | 100 | 98,6 | 100,6 | 87,0 | 101,7 | 89,3 | 66,8 |
| H | g | 162 | 165,8 | 170 | 156 | 144 | 146 | 165 | 154 | 158 | 136 | 169 | 150 | 167 | 134 | 154 | 139 | 139 |
| M | g | 86 | 87 | 86 | 89 | 86 | 83 | 77 | 81 | 83 | 79 | 78 | 77 | 77 | 72 | 80 | 70 | 46 |
| E | % | 4,85 | 6,2 | 6,23 | 6,29 | 5,82 | 6,08 | 6,00 | 5,95 | 5,97 | 5,94 | 6,03 | 6,11 | 5,92 | 5,88 | 6,01 | 5,91 | 5,33 |
| R | m | 6275 | 6171 | 6099 | 6238 | 5857 | 6017 | 5888 | 5893 | 5980 | 5655 | 5919 | 5630 | 5944 | 5310 | 5898 | 5201 | 4469 |
| D·E | cmg | 590 | 742 | 736 | 760 | 661 | 709 | 685 | 679 | 692 | 651 | 692 | 667 | 682 | 605 | 687 | 596 | 462 |
| U | % | 29,28 | 27,26 | 27,24 | 26,39 | 24,23 | 28,82 | 32,52 | 29,07 | 28,39 | 27,92 | 32,0 | 29,42 | 33,16 | 30,03 | 30,01 | 30,56 | 46,88 |
| $U_0$ | % | 10 | 8,93 | 10,15 | 9,26 | 8,43 | 8,42 | 9,94 | 8,58 | 10,02 | 7,54 | 11,81 | 9,25 | 12,12 | 14,90 | 11,02 | 10,83 | 11,37 |
| M | — | 0,71 | 0,73 | 0,73 | 0,74 | 0,76 | 0,71 | 0,67 | 0,71 | 0,72 | 0,72 | 0,68 | 0,71 | 0,67 | 0,70 | 0,70 | 0,69 | 0,53 |
| $NS$ | % | 12,1 | 3,02 | 22,26 | 7,54 | 8,31 | 7,17 | 1,88 | 7,54 | 6,79 | 7,55 | 0,75 | 0,75 | 1,13 | 11,32 | 0 | 13,21 | 22,64 |
| SS | — | 3 | 4 | 5 | 3 | 3 | 3 | 6 | 5 | 4 | 4 | 8 | 6 | 11 | 10 | 8 | 9 | 26 |
| S | — | 0 | 0 | 0 | 0 | 0 | 0 | 0 | 0 | 0 | 0 | 0 | 0 | 0 | 0 | 0 | 0 | 0 |
| Bemerk. | | luft-feucht | | | | | | | | feucht | | | | | | | | naß |

**Weberei-Vorwerk.**

| Abteilung | | Umspulerei | | | | Zettlerei | | | |
|---|---|---|---|---|---|---|---|---|---|
| Garnbez. | | 20,4 | 25,8 | 26,8 | 29,6 | 20,4 | 25,8 | 26,8 | 29,6 |
| Spinnplan | | 1 | 4 | 1 | 1 | 1 | 4 | 1 | 1 |
| Versuch | | 52 a | 38 a | 50 a | 49 a | 52 a | 38 a | 50 a | 49 a |
| $F_{R_0}$ | | | | | | 476 | 436 | 433 | 535 |
| $l$ | $\dfrac{\text{m}}{\text{min}}$ | 361 | 361 | 361 | 361 | 171 | 171 | 171 | 171 |
| $F$ | $^0/_0$ | 72 | 73 | 71 | 74 | 83 | 73 | 71 | 61 |
| $T$ | $^0$C | 22 | 22 | 18 | 22 | 23 | 22 | 18 | 25 |
| $W_L$ | $\dfrac{\text{g}}{\text{m}^3}$ | 13,96 | 14,14 | 10,94 | 14,32 | 17,04 | 14,18 | 10,94 | 14,02 |
| $W_G$ | $^0/_0$ | — | — | — | 12,8 | 13,7 | — | 11,88 | 14,3 |
| $G_{Li}$ | g | 21 | 39,7 | 39,7 | 37 | 1035 | 3000 | 2900 | 3590 |
| $Z_{Li}$ | | 116 | 116 | 116 | 116 | 1 | 1 | 1 | 1 |
| $t_{Li}$ | min | $2^{22}$ | $5^{41}$ | $5^{53}$ | 6 | $0^{31}$ | $2^{04}$ | $2^{06}$ | $2^{20}$ |
| $E$ | $\dfrac{\text{kg}}{\text{h}}$ | 49,39 | 36,46 | 37,56 | 32,19 | 102,13 | 74,03 | 70,43 | 78,46 |
| $\eta$ | $^0/_0$ | 80 | 75 | 80 | 75 | 85 | 85 | 85 | 85 |
| $R_{Li}$ | | 0,041 | 0,159 | 0,055 | 0,204 | 0,666 | 1,2 | 1,6 | 1,6 |
| $R_{\text{km}}$ | $\dfrac{1}{\text{km}}$ | 0,0479 | 0,0776 | 0,0258 | 0,0936 | 0,0157 | 0,0078 | 0,0103 | 0,0075 |
| km$_R$ | km | 20,88 | 12,89 | 38,76 | 10,68 | 63,69 | 128,2 | 97,09 | 133.33 |

Zahlentafel 17.

**Garnuntersuchung.**

— Weberei-Vorwerk. —

| Abteilung | | Umspulerei | | | | Zettlerei | | | |
|---|---|---|---|---|---|---|---|---|---|
| Garnbez. | | 20,4 | 25,8 | 26,8 | 29,6 | 20,4 | 25,8 | 26,8 | 29,6 |
| Spinnplan | | 1 | 4 | 1 | 1 | 1 | 4 | 1 | 1 |
| Versuch | | 52a | 38a | 50a | 49a | 52a | 38a | 50a | 49a |
| $D$ | g | | 140,6 | | 116,7 | 178,2 | | 134,4 | |
| $U_D$ | g | | 124,9 | | 103,7 | 158 | | 120,2 | |
| $H$ | g | | 185 | | 141 | 230 | | 184 | |
| $M$ | g | | 99 | | 86 | 134 | | 100 | |
| $E$ | % | | 4,84 | | 5,41 | 6,39 | | 5,12 | |
| $R$ | m | | 7255 | | 6909 | 7271 | | 7204 | |
| $D \cdot E$ | cmg | | 681 | | 631 | 1139 | | 688 | |
| $U$ | % | | 29,59 | | 26,31 | 24,80 | | 25,60 | |
| $U_0$ | % | | 11,48 | | 12,2 | 11,34 | | 10,57 | |
| $\dfrac{M}{D}$ | — | | 0,70 | | 0,74 | 0,75 | | 0,74 | |
| $NS$ | % | | 12,79 | | 29,4 | 26,47 | | 22,38 | |
| $SS$ | — | | 10 | | 3 | 3 | | 2 | |
| $S$ | — | | 0 | | 0 | 0 | | 0 | |
| $+\,km_R'$ | % | | 28,0 | | 23,2 | 138,2 | | 210,7 | |
| $+\,E'$ | % | | 89,0 | | 99,4 | 117,5 | | 94,1 | |
| $+\,R'$ | % | | 101,3 | | 96,5 | 101,6 | | 100,6 | |
| $-\,U_0'$ | % | | 100,7 | | 107,0 | 99,5 | | 92,7 | |
| $-\,NS'$ | % | | 56,2 | | 129,2 | 116,3 | | 98,3 | |
| $-\,SS'$ | % | | 222,2 | | 66,7 | 66,7 | | 44,4 | |
| $Su/6$ | % | | — 26,8 | | — 14,0 | + 12,5 | | + 28,4 | |

Zahlentafel 18.

## Schlichterei.

| Schlichte | | I | II | | III | | IV | V | |
|---|---|---|---|---|---|---|---|---|---|
| Garnbez. | | 25,8 | 25,8 | 20,4 | 25,8 | 29,6 | 25,8 | 25,8 | 26,8 |
| Spinnplan | | 4 | 4 | 1 | 4 | 1 | 4 | 4 | 1 |
| Versuch | | 38 a | 38 a | 52 a | 38 a | 49 a | 39 a | 38 a | 50 a |
| $Z_{R_0}$ | | 5 | 5 | 9 | 5 | 5 | 5 | 5 | 5 |
| $F_{R_0}$ | | 436 | 436 | 476 | 436 | 535 | 436 | 436 | 436 |
| $F_G$ | | 2180 | 2180 | 4284 | 2180 | 2675 | 2180 | 2180 | 2180 |
| $Tr$ | $\frac{FG}{40}$ | 54,5 | 54,5 | 107,1 | 54,5 | 66,9 | 54,5 | 54,5 | 54,5 |
| $L_e$ | m | 350 | 344 | 85 | 350 | 360 | 300 | 270 | 330 |
| $L_a$ | m | 368 | 356 | 88,9 | 358,5 | 373 | 310,5 | 280 | 342 |
| $E_L$ | % | 5,14 | 3,49 | 4,59 | 2,43 | 3,61 | 3,5 | 3,7 | 3,64 |
| $G_e$ | g | 14800 | 14520 | 8920 | 14780 | 16270 | 12655 | 11350 | 13420 |
| $G_a$ | g | — | — | 9125 | — | 16315 | 12505 | 11290 | 14020 |
| $W_{G_e}$ | % | — | — | 13,7 | 10,5 | 14,3 | 14,3 | 14,3 | 11,88 |
| $W_{G_a}$ | % | — | — | 11,7 | 9,3 | 10,14 | 11,45 | 11,45 | 10,47 |
| $Schlg$ | % | 4,76 | 2,64 | 4,66 | — | 5,15 | 2,10 | 2,78 | 6,14 |
| $l$ | m/min | 18 | 18 | 9,3 | 17,8 | 10,75 | 18 | 18 | 13 |
| $P$ | kg/cm² | 1,8 | 1,0 | 1,3 | 1,0 | 0,8 | 0,9 | 0,9 | 0,8 |

**Garnuntersuchung.**

— Schlichterei. —

| Schlichte | | I | II | III | | | IV | V | |
|---|---|---|---|---|---|---|---|---|---|
| Garnbez. | | 25,8 | 25,8 | 20,4 | 25,8 | 29,6 | 25,8 | 25,8 | 26,8 |
| Spinnplan | | 4 | 4 | 1 | 4 | 1 | 4 | 4 | 1 |
| Versuch | | 38a | 38a | 52a | 38a | 49a | 38a | 38a | 50a |
| $D$ | g | 161,4 | 130,1 | 192,7 | 130,8 | | 136,4 | 151,6 | 151,6 |
| $Abw_D$ | $\pm\%$ | $+8,91$ | $-12,21$ | $-5,86$ | $-11,74$ | | $-7,96$ | $+2,29$ | $+12,88$ |
| $U_D$ | g | 140,9 | 109 | 178,5 | 118,4 | | 121,7 | 140,7 | 136,6 |
| $H$ | g | 232 | 174 | 234 | 166 | | 178 | 182 | 194 |
| $M$ | g | 108 | 84 | 158 | 100 | | 98 | 126 | 108 |
| $E$ | $\%$ | 4,01 | 3,44 | 4,66 | 3,82 | | 4,56 | 4,28 | 4,82 |
| $Abw_E$ | $\pm\%$ | $-16,63$ | $-28,48$ | $-23,61$ | $-20,58$ | | $-5,20$ | $-11,02$ | $-9,23$ |
| $R$ | m | 8328 | 6713 | 7862 | 6749 | | 7038 | 7823 | 8126 |
| $D \cdot E$ | cmg | 647 | 448 | 898 | 500 | | 622 | 649 | 731 |
| $U$ | $\%$ | 33,09 | 35,43 | 18,01 | 23,55 | | 28,15 | 16,89 | 28,76 |
| $U_0$ | $\%$ | 12,70 | 16,2 | 7,4 | 9,48 | | 10,8 | 7,2 | 9,9 |
| $\dfrac{M}{D}$ | — | 0,67 | 0,65 | 0,82 | 0,76 | | 0,72 | 0,83 | 0,71 |
| $NS$ | $\%$ | 12,79 | 12,79 | 26,47 | 12,79 | | 12,79 | 12,79 | 22,38 |
| $SS$ | — | 10 | 18 | 0 | 1 | | 2 | 0 | 3 |
| $S$ | — | 0 | 0 | 0 | 0 | | 0 | 0 | 0 |
| $+\,km_R'$ | $\%$ | — | 42,6 | 35,8 | 185,6 | 122,0 | 109,1 | 104,5 | — |
| $+\,E'$ | $\%$ | 94,8 | 81,3 | 110,2 | 90,3 | — | 107,8 | 101,2 | 113,9 |
| $+\,R'$ | $\%$ | 110,7 | 89,3 | 104,5 | 89,7 | — | 93,6 | 104,0 | 108,1 |
| $-\,U_0'$ | $\%$ | 120,6 | 153,8 | 70,3 | 90,0 | — | 102,6 | 68,4 | 94,0 |
| $-\,NS'$ | $\%$ | 79,4 | 79,4 | 164,3 | 79,4 | — | 79,4 | 79,4 | 138,9 |
| $-\,SS'$ | $\%$ | 205,8 | 370,4 | 0 | 20,6 | — | 41,2 | 0 | 61,7 |
| $Su/6$ | $\%$ | | $-65,1$ | $+2,7$ | $+29,3$ | — | $+14,6$ | $+27,0$ | |

Weberei.

| | | U | O | | | Milan. | Milan. | U | | | | |
|---|---|---|---|---|---|---|---|---|---|---|---|---|
| Stuhl | | | | | | | | | | | | |
| Bindung | | glatt | Croisé | glatt | glatt | Milan. | Milan. | glatt | glatt | glatt | glatt | glatt |
| Stellung | | 16/18,5 | 21/24 | 16/18,5 | 16/18,5 | 20/20 | 20/24 | 16/18,5 | 16/18,5 | 16/18,5 | 16,5/18 | 16,5/20 |
| Garnbez. | | 25,8/38,4 | 20,4/19,8 | 25,8/38 | 25,8/38 | 29,6/34,8 | 29,6/34,8 | 25,8/38 | 25,8/38 | 25,8/38 | 42 B/25,5 | 42 B/20 |
| Versuch | | 38a/47b*) | 52a/53a*) | 38a/39b$_0$ | 38a/39b$_2$*) | 49a/48b$_0$*) | 49a/48b$_2$ | 38a/39b$_3$*) | 38a/39b$_1$ | 38a/39b$_5$*) | B/54b | B/55b |
| $T_r$ | $\frac{Ft}{40}$ | 54,5 | 107,1 | 54,5 | 54,5 | 66,9 | 66,9 | 54,5 | 54,5 | 54,5 | 55,5 | 55,5 |
| $Br_r$ | cm | 88 | 139 | 88 | 88 | 91 | 91 | 89 | 89 | 89 | 91 | 91 |
| $Br_n$ | cm | 94 | 146,5 | 94 | 94 | 96 | 96 | 95 | 95 | 95 | 96 | 96 |
| $Einr_{Br}$ | % | 6,82 | 5,4 | 6,82 | 6,82 | 5,49 | 5,49 | 6,74 | 6,74 | 6,74 | 5,49 | 5,49 |
| $L_u$ | m | 66 | 56,2 | 64,4 | 72 | 63,7 | 63,7 | 64 | 64 | 63,8 | 65,5 | 63 |
| $L_e$ | m | 67,6 | 59 | 66 | 74 | 66 | 66 | 66 | 66 | 66 | 67,9 | 65 |
| $Einr_l$ | % | 2,42 | 4,98 | 2,48 | 2,78 | 3,61 | 3,61 | 3,13 | 3,13 | 3,45 | 3,66 | 3,17 |
| $Schl$ | | II | III | III | III | III | III | IV | IV | V | — | III |
| $Schlg$ | % | 2,64 | — | — | — | 5,15 | 5,15 | 2,10 | 2,10 | 2,78 | — | — |
| $G_{m^2}$ | g/m² | 82,8 | 169,6 | 85,9 | 84,2 | 95,2 | 103,8 | 83,0 | 83,0 | 83,3 | 82,6 | 104,4 |
| $F$ | % | 68 | 61 | 57 | 58 | 60 | 60 | 60 | 58 | 55 | 59 | 61 |
| $T$ | °C | 25 | 25 | 25 | 25 | 24 | 24 | 24 | 22 | 26 | 20 | 25 |
| $W_L$ | g/m³ | 15,62 | 14,02 | 13,08 | 13,32 | 13,1 | 13,1 | 13,1 | 11,24 | 13,4 | 10,22 | 14,02 |
| $n$ | $\frac{1}{\text{min}}$ | 162 | 152 | 162 | 162 | 161 | 161 | 161 | 190 | 160 | 187 | 173 |
| $n_r$ | $\frac{1}{\text{min}}$ | 99,3 | — | 100 | 117,5 | 100 | 140,9 | 126,6 | 118 | 118 | 136,5 | 166,5 |
| $\eta$ | % | 61,3 | — | 61,7 | 72,5 | 62,1 | 87,5 | 78,6 | 62,1 | 73,8 | 73 | 96,2 |
| $Er$ | $\frac{m}{h}$ | 2,17 | — | 2,19 | 2,57 | 2,02 | 2,38 | 2,77 | 2,58 | 2,58 | 3,08 | 3,36 |
| $A_s$ | % | 20 | 1 | 1,41 | 1,46 | 1,7 | 2,17 | 0,67 | 1,05 | 0,83 | 1,31 | — |
| $R_{km\,z}$ | $\frac{1}{\text{km}}$ | 1,78 | 2,116 | 1,165 | 0,408 | 0,622 | 0,443 | 0,695 | 0,566 | 0,724 | 0,48 | 0,271 |
| $R_{km\,s}$ | $\frac{1}{\text{km}}$ | 1,4 | 0,09 | 0,119 | 0,074 | 0,164 | 0,287 | 0,114 | 0,108 | 0,074 | 0,185 | 0,141 |
| $R_m$ | $\frac{1}{\text{m}}$ | 7,58 | 9,99 | 2,91 | 1,11 | 2,19 | 2,21 | 1,86 | 1,55 | 1,82 | 1,57 | 1,02 |